Die schönsten
Gartenblumen

Iris Jachertz

Die schönsten
Garten
blumen

- Über 330 Stauden, Sommer- und Zwiebelblumen, Gräser und Farne
- Pflanzen, Pflegen, Kombinieren

blv

Inhalt

Bunte Blütenpracht im Garten 6
Die Basics für einen schönen Garten 8
Blumenbeete anlegen – Beetgestaltung leicht gemacht 10
Mit System zur üppigen Blütenfülle 12
Von der Pflicht zur Kür: Harmonie in Form und Farbe 14
Attraktiver Schatten – das Blühen im Verborgenen 16

Gartenpraxis ist keine Hexerei 18
Pflanzen-Shopping – und der Garten blüht auf 20
Beete bepflanzen – so gelingt es leicht 22
Wellness für Gartenblumen 24
Aus eins mach zwei – Gartenblumen selbst vermehren 26

Die schönsten Gartenblumen 28
Stauden – *Acaena* bis *Yucca* 30
Gräser – *Bouteloua* bis *Stipa* 98
Farne – *Adiantum* bis *Polystichum* 103
Zwiebelblumen – *Allium* bis *Uvularia* 106
Sommerblumen – *Ageratum* bis *Zinnia* 124

Bezugsquellen und Adressen 140
Stichwortverzeichnis 141

Bunte Blütenpracht im Garten

»Die Blume macht den Garten,
nicht der Zaun«
(deutsches Sprichwort)

Die Basics
für einen schönen Garten

Ein Blick in den Garten verrät nicht immer auf Anhieb, was sich hinter dem Grundstück verbirgt und wie Sie aus dem Vorhandenen ein grünes Paradies schaffen können. Der Umsetzung muss stets eine gründliche Überlegung vorangehen, in die Sie Ihre Bedürfnisse und die Gegebenheiten mit einbeziehen. In einem neuem Grundstück können Sie Ihrer planerischen Kreativität vollen Lauf lassen. Bei älteren Grundstücken ist es unumgänglich, vorhandene Bäume sowie Geländemodellierungen und Bauwerke, z. B. Schuppen, in die Planung einzubeziehen. Ganz gleich, welche Voraussetzungen Ihr Grundstück bietet: Am besten fertigen Sie vor den Erd- und Pflanzarbeiten einen **Gartenplan** im Maßstab 1:100 an. 1 cm auf Ihrem Plan entspricht also 1 m in der Realität. In diesen verzeichnen Sie neben den Grundstücksgrenzen und dem Zugang in den Garten auch vorhandene Bäume und Sträucher sowie die Nord-Süd-Ausrichtung. So lernen Sie Ihr Grundstück genau kennen und es entstehen erste Ideen, wie Sie Ihre Pläne in die Tat umsetzen können.

Der Garten bekommt im Plan schnell ein Gesicht. Berücksichtigen Sie Ihre Wünsche und setzen Sie Prioritäten. Ganz wichtig bei der Überlegung, wo die beste Stelle für Sitzplatz, Blumenbeet oder Sandkasten für die Kinder liegt, sind die **Lichtverhältnisse** auf Ihrem Grundstück. Beobachten Sie dazu den Lauf der Sonne: Wann ist wo Schatten und welche Plätze sind im Garten besonders lange und intensiv der Sonne ausgesetzt. Bedenken Sie auch, dass Bäume wachsen und immer mehr Schatten werfen. Zeichnen Sie Bäume und Sträucher in der Größe ein, die sie nach etwa 10 Jahren erreichen werden. Das erleichtert die Planung sehr und macht schnell klar, wo große Bäume ihre volle Wirkung entfalten können oder unerwünschten Schatten z. B. auf Sitzplätze werfen.

Neben dem Licht spielt der **Boden** für die Pflanzen eine elementare Rolle.

Wege gliedern den frisch angelegten Garten in verschiedene Bereiche. Jetzt können die Pflanzen einziehen, um aus dem Grundstück eine grüne Wohlfühl-Oase zu machen.

Die BASICS für einen schönen Garten

Einen groben Überblick über die Bodenbeschaffenheit bekommen Sie mit dem so genannten **Krümeltest**. Dazu versuchen Sie, mit Ihren Händen aus der Erde eine Wurst zu formen. Ist dies nicht möglich, ist Ihr Boden sehr sandig und damit zwar leicht zu bearbeiten und wasserdurchlässig, kann aber Nährstoffe und Wasser nur schwer speichern. Wenn sich aus der Erde leicht eine dicke, klebrige Wurst formen lässt, handelt es sich um einen tonigen Boden, der reich an Nährstoffen, allerdings schwer zu bearbeiten ist und zu Staunässe neigt. Die goldene Mitte ist der lehmige Boden, der die guten Eigenschaften der beiden Extreme vereint. Auf ihn deutet eine dünne, leicht zerfallende Wurst hin, die man aus der Erde formen kann.

Die **Auswahl an Pflanzen** ist für jeden Bodentyp groß genug. Dennoch haben Sie die Möglichkeit, mit einfachen Mitteln den Boden zu verbessern. Sandboden mischen Sie Humus bei, der die Wasser- und Nährstoffspeicherfähigkeit erhöht. Lehmigem Boden setzen Sie z. B. Sand zu, der ihn durchlässiger macht (siehe auch Seite 22/23).

An die Feinplanung

geht es, wenn diese ersten Hürden genommen sind. Gliedern Sie Ihren Garten in verschiedene Räume. Bäume, Sträucher, Beete, Mauern oder Zäune sind dazu geeignete Begrenzungen. So trennen Sie den Komposthaufen optisch vom Sitzplatz und das Gemüsebeet von der Kinderecke. Auch Erhebungen oder Senkungen im Garten haben eine gliedernde Wirkung.

Wege verbinden die einzelnen Gartenräume miteinander und eröffnen immer neue Perspektiven. Planen Sie die **Wege** so ein, dass die Hauptwege, z. B. von der Garage zum Eingang, breit genug sind, um bequem darauf gehen zu können. Gepflastert sind sie leichter begehbar und bringen weniger Schmutz ins Haus als z. B. Rasen- oder Mulchwege. Gerade Wege brauchen an ihrem Ende einen Blickpunkt, sonst verlaufen sie ins Leere. Geschwungene Wege wirken natürlicher in ihrem Verlauf, wenn etwa ein Baum oder ein Strauch die Krümmung begründen.

In diesem Garten sind die Pflanzen bereits eingewachsen. Voraussetzung für eine solch stimmige Wirkung ist eine gründliche Planung unter Berücksichtigung aller Bedürfnisse der Benutzer.

Blumenbeete

gliedern Sie ganz zum Schluss in den Plan mit ein. Schöne Plätze sind z. B. neben dem Eingang, an der Terrasse, zwischen Bäumen und Sträuchern oder entlang der Wege durch den Garten. Bereits mit wenigen Pflanzenarten lassen sich schöne Beete zaubern, die zudem in ihrem Pflegeaufwand wesentlich geringer sind als aufwändig gestaltete Rabatten mit vielen unterschiedlichen Stauden. Doch auch hier gilt: Je sorgfältiger Sie planen, desto kalkulierbarer wird die spätere Gartenarbeit.

Blumenbeete anlegen
Beetgestaltung leicht gemacht

Der Standort entscheidet, welche Pflanzen in Ihren Garten einziehen und ihn mit Duft und Farbe füllen. Einen sonnenhungrigen Rittersporn unter einen großen Laubbaum zu pflanzen macht wenig Sinn. Eine großblättrige, Schatten liebende Funkie dagegen entwickelt sich dort bald zum heimlichen Star im Garten. Ebenso verringert sich die Lebensdauer einer Bart-Iris auf einem lehmigen Boden stark, während eine Pfingstrose zur Höchstform aufläuft. Schon diese wenigen Beispiele aus dem Staudenreich zeigen, welche Rolle die sorgfältige Pflanzenauswahl spielt. Mit den richtigen Pflanzen am richtigen Platz haben Sie wenig Arbeit und lange Freude. Fragen Sie bei Unsicherheiten in Ihrem Gartencenter oder bei Ihrem Staudengärtner nach. Die Gärtner kennen die Vorlieben der Pflanzen und beraten Sie gerne.

Eine ganz simple Lösung, welche Stauden sich in Ihrem Garten heimisch fühlen und prächtig entwickeln könnten, ist der Blick über den Gartenzaun. Was beim Nachbarn üppig wächst, fasst in der Regel auch bei Ihnen schnell Fuß.

Bunte Blüten fallen im Beet als Erstes auf – und auch im Gartencenter. Nur zu schnell verleitet die Blütenpracht im Einkaufsparadies dazu, sie mit nach Hause zu nehmen. Bedenken Sie jedoch – Stauden blühen nur über einen begrenzten Zeitraum. Sind sie verblüht, müssen andere Blüten die Lücken füllen. Kombinieren Sie also Blütenstauden mit verschiedener Blütezeit miteinander, damit das Beet die ganze Saison über nicht an Wirkung verliert. Bei der Auswahl helfen die an den Staudentöpfen angebrachten Etiketten. Diesen können Sie die grundlegendsten Ansprüche der Pflanze hinsichtlich Wuchs, Standort und Pflege entnehmen. Auch in der Gestaltung von Blumenbeeten fiel noch kein Meister vom Himmel. Ein Beet gewinnt mit der Zeit an Charme. Beobachten Sie Ihre Pflanzen und entfernen oder ergänzen Sie bei Bedarf!

Farben und Blühzeitpunkte sind in diesem Beet genau aufeinander abgestimmt. Roter Sonnenhut, Flammenblume und Duftnessel ergänzen sich wunderbar zu einem harmonischen Gesamtbild.

▼ *Groß und klein* machen ein Beet erst interessant. Setzen Sie unterschiedlich hohe Pflanzen ins Beet. Sie erreichen damit mehr Abwechslung und Spannung als nur mit gleichhoch wachsenden Pflanzen, die sich kaum voneinander abheben. Setzen Sie die höheren Pflanzen nach hinten, die kleineren nach vorn – dann kommen sie alle gut zur Geltung.

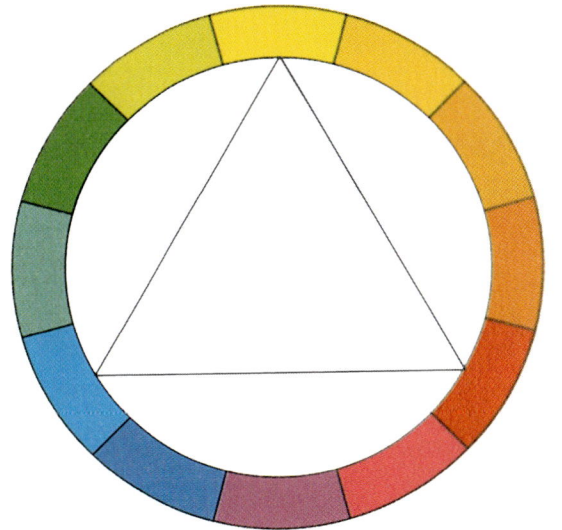

◄ *Der Farbkreis* dient als Grundlage für eine harmonische Farbzusammenstellung. Nebeneinander liegende Farben sind wenig kontrastreich, dafür sehr harmonisch. Spannung erhält die Pflanzung durch die Kombination von Blütenfarben, die sich auf dem Farbkreis gegenüber stehen. Einen stimmigen Dreiklang bilden Farben, die ein gleichseitiges Dreieck miteinander verbindet.

Die Vielfalt der Stauden macht diese Pflanzengruppe so attraktiv. Jeder Platz im Garten lässt sich mit ihnen bereichern und zu neuem Leben erwecken. Vom pflegeleichten Bodendecker über duftende Blühwunder und attraktive Blattstars bis zur auffälligen Prachtstaude ist alles vertreten. Und in ihrer Kombination liegt der besondere Reiz. Beherzigen Sie bei der Umsetzung Ihrer Wünsche ein paar Grundregeln, dann wächst Ihr Garten über sich hinaus.

► *Wuchsformen* beeinflussen das Erscheinungsbild eines Beetes besonders stark. Schöpfen Sie aus der Fülle des Staudenreichs: straff aufrecht wachsende Pflanzen verlieren an Strenge, wenn sie neben leicht bogig überhängenden wachsen, und große Blätter wirken weniger wuchtig in Kombination mit zartem, filigranen Laub.

▲ *Blattschmuck* heißt das Zauberwort für alle weniger attraktiven Blüher. Vor allem im Schattenreich beleben verschiedenfarbige Blätter dunkle Ecken im Garten und verdienen durchaus Beachtung. Grün, grau, blau, gelb, rot oder panaschiert, also kontrastierend gefleckt – die bunte Welt der Stauden sorgt für viel Abwechslung.

Mit System zur üppigen Blütenfülle

Ein Pflanzplan vereinigt alle voran gegangenen Überlegungen auf dem Papier. Ihre Pflanzen-Wunschliste steht fest, ebenso der Platz im Garten und ob das Beet von Bäumen beschattet wird oder den Sonnenstrahlen schutzlos ausgeliefert ist. Jetzt nimmt Ihr Wunschbeet langsam Formen an – wenn auch zunächst nur auf dem Papier. Für einen Pflanzplan bietet sich ein feinerer Maßstab an als für den Gartenplan. Wählen Sie je nach Beetgröße den Maßstab 1:50 oder sogar 1:20. Meter-Raster erleichtern den Überblick über die tatsächlichen Größenverhältnisse der Pflanzen zum Beet. Zeichnen Sie auch hier die Pflanzen so groß ein, wie sie nach etwa fünf Jahren sein werden.

Möglichkeiten, die Pflanzen im Beet zu verteilen, gibt es viele. Ein klassisches Staudenbeet lebt von so genannten Leit- und Begleitstauden. Die **Leitstauden** geben aufgrund ihrer Größe den Ton im Beet an. Dazu gehören z. B. Rittersporn, Pfingstrosen oder hohe Gräser. Sie brauchen sich nicht auf eine einzige Leitstaude beschränken, wenn Sie für verschiedene Jahreszeiten unterschiedliche Arten auswählen. So können z. B. Gräser im Herbst die Leitung des Rittersporns ablösen. Die **Begleitstauden** geben der Pflanzung den Feinschliff. Sie ordnen sich den Leitstauden hinsichtlich Größe, Blütenfarbe und Wuchs unter.

1. Indianernessel *(Monarda-*Hybride) – dunkelviolett, z. B. 'Prairienacht', 'Scorpion'
2. Garten-Sandrohr *(Calamagrostis × acutiflora)* 'Karl Foerster'
3. Sonnenauge *(Heliopsis helianthoides* var. *scabra)* z. B. 'Hohlspiegel', 'Goldgefieder',
4. Raublatt-Aster *(Aster novae-angliae)* – rubinrot, z. B. 'Rubinschatz' und karminrot, z. B. 'Andenken an Paul Gerber'
5. Ruten-Hirse *(Panicum virgatum)*, z. B. 'Rehbraun', 'Hänse Herms'
6. Herbst-Chrysantheme *(Chrysanthemum* Indicum-Hybride) – samtrot, z. B. 'Red Velvet', 'Fellbacher Wein'
7. Herbst-Chrysantheme *(Chrysanthemum* Indicum-Hybride) – kupferorange, z. B. 'Ordensstern', 'Mandarin'
8. Fetthenne *(Sedum-*Telephium-Hybride), z. B. 'Herbstfreude', 'Matrona'
9. Purpur-Salbei *(Salvia officinalis)* 'Purpurascens'
10. Berg-Aster *(Aster amellus)* – dunkelviolett, z. B. 'Veilchenkönigin', 'Kobold'
11. Woll-Ziest *(Stachys byzantina)*, z. B. 'Silver Carpet'
12. Blau-Schwingel *(Festuca cinerea)*

Zeichnen Sie in Ihren Pflanzplan zunächst die Leitstauden ein und verteilen diese unregelmäßig im Beet. Danach widmen Sie sich den Begleitern. Am einfachsten geht es, wenn Sie ungerade Stückzahlen wählen und die Begleiter wie zufällig um die Leitpflanzen gruppieren. Setzen Sie dabei höhere Pflanzen hinter kleinere und früh hinter spät blühende – so fällt immer genau das zuerst ins Auge, was je nach Jahreszeit gerade am schönsten aussieht, ohne anderes zu verdecken. Je weniger unterschiedliche Pflanzenarten Sie auswählen, desto leichter geht nachher die Pflege von der Hand.

Im Herbst erlebt dieses Beet seinen Höhepunkt, denn Gräser, verschiedene Astern und Fetthenne blühen alle zur gleichen Zeit.

Wie viel Exemplare

Sie von einer Pflanze einplanen können, hängt vor allem von deren Größe und Wuchseigenschaften ab. Leitstauden entwickeln sich in der Regel zu üppigen und prächtigen Pflanzen, die allein durch ihre imposante Erscheinung wirken. Davon benötigen Sie nur wenige Exemplare. Von den kleineren Begleitstauden brauchen Sie jeweils mehrere, je nachdem, wie stark deren Wirkung sein soll. Als Grundregel gilt:

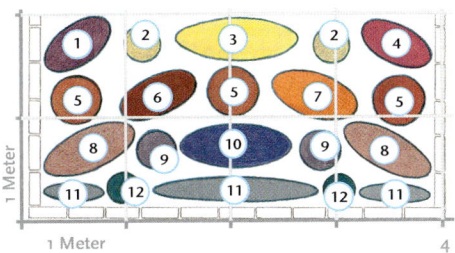

Je größer die Pflanze wird, desto weniger Exemplare benötigen Sie.

Viel wichtiger scheint die Frage der **Pflanzdichte**, also wie viele Pflanzen man auf 1 m² setzen kann. Auch hier sind die pflanzentypischen Wuchseigenschaften und die Größe wesentlich. Von raschwüchsigen, Ausläufer treibenden Pflanzen, z. B. Goldfelberich oder Trichterfarn, reichen ein paar wenige, ca. drei bis fünf Stück pro m². Von langsam wachsenden, kompakt bleibenden Arten, z. B. Gedenkemein oder Etagen-Primel, benötigen Sie für die gleiche Fläche entsprechend mehr, ca. sieben bis elf Stück. Fragen Sie Ihren Gärtner um individuellen Rat, wenn Sie sich bei Größe und Wuchs der Pflanze unsicher sind.

Mit den Jahren

verändert sich jedes Staudenbeet. Füllen Sie die Lücken zwischen den Pflanzen in den ersten Jahren z. B. mit Sommerblumen, bis sich die Stauden zu größeren Exemplaren entwickelt haben. Früh blühende Zwiebelblumen, z. B. Hyazinthen, Tulpen oder Narzissen, setzen im Beet erste Blütenhöhepunkte, noch bevor viele Stauden überhaupt ausgetrieben haben. Und Blattschmuckpflanzen, z. B. Funkien, Lungenkraut oder Woll-Ziest sowie Gräser sorgen für Struktur, wenn die Blüten Pause machen.

Von der Pflicht zur Kür
Harmonie in Form und Farbe

Rittersporn, Glockenblumen und Türken-Mohn passen perfekt ins Rosenbeet. Die zarten Blütenfarben der Stauden harmonieren mit allen Rosenfarben und unterstreichen deren Wirkung.

Bunte Blüten leuchten in der Sonne und füllen den Garten mit Farbe. Im Kontrast zum allgegenwärtigen Grün von Bäumen, Sträuchern und dem Rasen steht die vielfältige Blütenpracht aus dem Staudenreich. Mit einzelnen, früh blühenden Arten, z. B. Gämswurz oder Alpen-Aster, sowie vielen Zwiebelblumen, z. B. Hyazinthen, Narzissen und Tulpen, startet die Gartensaison. Sie endet mit einem fulminaten Farbfeuerwerk zur Blütezeit der Astern im Herbst.

Die Beete zu jeder Jahreszeit attraktiv aussehen zu lassen, ist neben der gelungenen farblichen Kombination und Höhenstaffelung die hohe Kunst der Pflanzenverwendung. Zwiebelblumen setzen die ersten Farbtupfer und ergeben zusammen mit dem frischen Austrieb der Stauden bereits früh im Jahr attraktive Gartenbilder. Gesellen sich ab Mitte Mai noch die **Sommerblumen** mit ihrer unermüdlichen Blühkraft dazu, erreicht das Farbspektakel der unterschiedlichen Pflanzengruppen im Sommer seinen Höhepunkt. Doch auch der Herbst wartet neben der Herbstfärbung von Bäumen und Sträuchern mit einer Fülle bunter Blüten auf. Dem Flor der Sommerblumen setzen erst die ersten Herbstfröste ein Ende. Dann sind spät blühende Stauden, die die Gartensaison noch ein wenig herauszögern, besonders geschätzt.

Alles in einem Beet zu verwirklichen, gelingt meist nicht. Wählen Sie stattdessen lieber verschiedene Höhepunkte in unterschiedlichen Beeten und lassen den Garten so an immer wieder unterschiedlichen Ecken in immer neuem Glanz erstrahlen. So empfehlen sich z. B. Rittersporne, Glockenblumen und Schleierkraut bevorzugt in Sitzplatznähe, damit Sie im Juni bei Sonnenschein auf der Terrasse den Flor von ganz nah betrachten können. Ein buntes Herbstbeet bietet sich dagegen in der Nähe des Wohnzimmerfensters an, um von dort aus auch bei kühleren Temperaturen den Garten zu genießen.

▼ *Gelbe Sommer-
blumen* geben sich hier ein leuchtendes Stelldichein. Dieses Beet behält wegen der langen Blütezeit der Pflanzen sein Gesicht unverändert über mehrere Monate. Unterschiedliche Gelbtöne harmonieren, da die einzelnen Farben im Farbkreis dicht beieinander liegen. Vor allem für weniger Geübte eine sichere Möglichkeit, Farbe im Garten einzusetzen.

◄ *Im Farbdreiklang* blühen Rittersporn, Mädchenauge und Klatschmohn um die Wette. Wer es bunt mag, wird sich für dieses leuchtkräftige Farbspiel begeistern. Während die beiden Staudenarten Jahr für Jahr an Größe gewinnen und immer mehr Blüten um die Wette leuchten, füllen die auffälligen roten Blüten des Klatschmohns die Lücken dazwischen und sorgen insgesamt für ein harmonisches Bild.

Bunte Blütenwelt

Aus der bunten Welt der Gartenblumen lassen sich immer wieder neue Kombinationen finden. Ideen und Anregungen erhalten Sie z. B. bei Gartenschauen oder in Botanischen Gärten. Bei den Sonnenanbetern spielen die Blüten die erste Geige. Ihre Farben sollten Sie deshalb besonders sorgfältig auswählen. Unterschiedliche Blühzeiten sorgen je nach Jahreszeit immer wieder für bunte Gartenbilder und Abwechslung.

► *Den Höhepunkt* erreicht dieses Beet mit Phlox, Indianernessel, Schaf-Garbe und Ehrenpreis zur Hauptblütezeit im Juli. Für eine kurze Zeit sorgen sie für ein farbliches Feuerwerk in Lila und Rosa. Sind die Pflanzen verblüht, gilt es, den Flor im Beet mit nachfolgend blühenden Arten zu verlängern oder an anderer Stelle mit einem anders gestalteten Beet neue Höhepunkte zu setzen.

▲ *Die Komplementärfarben* Orange und Violett zeichnen auffällige Gartenbilder. Feuer-Lilie, Steppenkerze, Wolfsmilch, Salbei und Katzenminze lieben neben einem Platz an der Sonne durchlässigen Boden. Sind diese Bedingungen erfüllt, sorgen sie im Juni für einen attraktiven und harmonischen, bis in die Ferne leuchtenden Höhepunkt, der die Blicke magisch anzieht.

Attraktiver Schatten – das Blühen im Verborgenen

Im Schatten geht es ruhiger zu – doch keineswegs unattraktiv. Zwar fehlt die bunte Blütenpracht der von der Sonne verwöhnten Pflanzen, dennoch macht gerade die Kombination unterschiedlicher Schattenpflanzen den besonderen Reiz aus. Auch hier setzen Zwiebelblumen, z.B. mit Busch-Windröschen, Winterlinge oder Blausternchen die ersten blütenreiche Akzente, bis sich das schützende Blätterdach von Bäumen und Sträuchern über der Pflanzung ausbreitet und verschiedene Grüntöne dominieren und Ruhe ausstrahlen. Immer- und wintergrüne Arten, z.B. Elfenblumen oder Immergrün, lassen die Beete auch noch im Winter attraktiv aussehen. Während der Sommermonate setzen vor allem unterschiedliche Blattformen und -farben Akzente. Einzelne Blüten, z.B. die des Fingerhuts oder der Astilben, kommen dann besonders gut zur Geltung.

Gehölze bilden den Rahmen einer solchen Pflanzung. Ihr schützendes Blätterdach legt sich über die Pflanzen und stehen dazu in enger Beziehung. Sie geben oft auch den Charakter des Beetes vor: So passen z.B. zu den aus Asien stammenden Rhododendren Pflanzen des gleichen Heimatgebietes, z.B. Elfenblumen oder Funkien. Zu heimischen Bäumen und Sträuchern wirkt eine bunte Mischung von Wildstauden passend, die auch bei uns in der Natur vorkommt, z.B. Fingerhut, Leberblümchen, Farne und Schatten liebende Gräser.

Der Vorteil von Beeten im Schatten liegt vor allem im weitaus geringeren Pflegeaufwand. Unkraut findet aufgrund des fehlenden Lichts weniger gute Bedingungen, und in den Nährstoffansprüchen hinken die Schattenpflanzen den Sonnenanbetern weit hinterher. Die Sonne trocknet den Boden nicht aus, und nur bei lang anhaltenden Trockenperioden muss zusätzlich gewässert werden. Schöne Kombinationen, die harmonisch wirken, sind weitaus einfacher zu gestalten als solche mit den auffälligen Farben der Sonnenanbeter.

Im Schattengarten bilden Elfenblumen und Balkan-Anemonen dichte Teppiche unter den Gehölzen und zwischen den Trichterfarnen.

▼ *Zum Austrieb* der Funkien gesellen sich Narzissen, die noch die Sonne genießen, während sich das Blätterdach der Bäume und Sträucher entwickelt. So beginnt auch im Schatten schon früh das Gartenjahr. Die unterschiedlichen Blattfärbungen der Funkien harmonieren aufs Schönste miteinander. Aus der Fülle an Sorten können Sie Ihre Lieblinge auswählen und miteinander kombinieren.

◄ *Zwiebelblumen* wie diese weißen, Lilienblütigen Tulpen ragen aus dem geschlossenen Blätterdach des Beinwells hervor. Dieser Bodendecker bildet den grünen Untergrund für die zarten Tulpenblüten und lässt sie in ihrer ganzen Pracht erstrahlen. Der Beinwell gehört wie Elfenblumen zu den hervorragenden Flächendeckern für schattige Lagen und begrünt rasch auch größere Flächen.

Schattenliebhaber

Die Kombination unterschiedlicher Blattfarben und -formen macht den größten Reiz der Pflanzenverwendung im Schatten aus. Immer neue Sorten kommen jedes Jahr auf den Markt, da die Züchter den Reiz und die Beliebtheit solcher Möglichkeiten entdeckt haben. Mit Bodendeckern flächig als Begrünung unter Bäumen und Sträuchern werden die Blattschmuckpflanzen harmonisch eingebunden.

► *Viele heimische Wildstauden* fühlen sich im Schatten besonders wohl und säen sich dort selbständig aus. So entwickelt sich die Pflanzung im Laufe der Jahre ohne Ihr Zutun ganz von selbst und variiert von Jahr zu Jahr leicht im Aussehen. Die blühenden Rhododendren bilden einen farbenfrohen, kontrastreichen Hintergrund und rahmen die Pflanzung ein.

▲ *Mit Blattfarben und -formen* experimentieren Schattengärtner gerne. So gewinnen schattige Gartenbereiche an Attraktivität und stehen den farbreichen Sommerbeeten in nichts nach. Die breiten Blätter der Funkien und Wachsglocke stehen in schönem Kontrast zu den eleganten Halmen der Gräser und filigran eingeschnittenen Wedeln der Farne.

Gartenpraxis
ist keine Hexerei

»Die Beschäftigung mit Erde und Pflanzen
kann der Seele eine ähnliche Entlastung
und Ruhe geben wie die Meditation«

HERMANN HESSE

Pflanzen-Shopping –
und der Garten blüht auf

Pflanzen kaufen macht Spaß. In den Gartencentern und Gärtnereien steht Ihnen vor allem zu den Hauptpflanzzeiten im Frühjahr und Herbst eine riesige Auswahl zur Verfügung. Lassen Sie sich inspirieren und prüfen Sie die Qualität des Angebots sorgfältig. Dennoch: Packen Sie nicht wahllos ein, was Ihnen spontan gefällt. Wer ein neues Beet anlegen möchte, nimmt am besten die vorbereitete Pflanzenliste mit auf die Einkaufstour. Nur so behalten Sie den Durchblick im Pflanzen-Dschungel und ersparen sich Ärger und Arbeit.

Auch wenn es schwer fällt und gewöhnungsbedürftig ist: Notieren Sie sich neben dem deutschen auch den botanischen **Namen der gewünschten Pflanze**. Manche Pflanzen haben mehrere deutsche Namen, von Region zu Region unterschiedlich, obwohl es sich um ein und dieselbe Art handelt. Botanische Namen hingegen sind international immer gleich. Und so werden Sie auch im Gartenland England Ihre Lieblingsblume finden, genauso wie in den Niederlanden, Frankreich oder wo Sie sonst auf Einkaufstour gehen. Viele Gartencenter haben die Pflanzen alphabetisch sortiert – aber eben nach den botanischen Namen. Ist dieser bekannt, fällt auch in der Heimat die Suche leichter. Wer gerne in Katalogen von Gärtnereien auf die Suche nach botanischen Schätzen geht, findet auch hier die gleiche Unterteilung nach dem lateinischen und nicht dem deutschen Namen.

Besonderheiten und kleine Pflanzenschätze finden Sie auf den während der Frühlings- und Sommermonate immer populärer werdenden Pflanzenmärkten und Gartenfestivals. Gärtnereien stellen ihre Ware aus, und kompetente Ansprechpartner sind gleich zur Stelle. Eine kleine Plauderei zum Erfahrungsaustausch ist nicht nur gesellig, sondern Sie bekommen auch neue Inspirationen und Tipps für Ihr grünes Reich zu Hause.

So macht Einkaufen Spaß: Attraktiv präsentieren sich unterschiedliche Stauden, Rosen und Gehölze im Gartencenter und machen Lust auf das Blühen im Garten.

Pflanzen-SHOPPING

Den an den Töpfen befestigten Steck-Etiketten können Sie wichtige Informationen zu Eigenschaften und Standortansprüchen der Pflanze entnehmen.

Wurzeln sprechen Bände; ganz gleich, ob Sie Ihre blühenden Schätze im Gartencenter, auf Märkten oder direkt in der Gärtnerei kaufen: Ein sorgfältiger Blick auf die Pflanze vermeidet spätere Enttäuschungen. Am besten lässt sich die Qualität einer Pflanze beurteilen, wenn Sie den Wurzelballen prüfend in Augenschein nehmen. Topfen Sie die Pflanze dazu aus. Ist der Ballen gleichmäßig von vielen dünnen Würzelchen durchzogen, können Sie zugreifen. Haben die Wurzeln am Topfrand entlang schon »mehrere Runden« gedreht, lässt das auf eine überständige Pflanze schließen. Sie wächst im Garten meist nur schwer an. Am besten, Sie verzichten auf den Kauf.

Blühende Pflanzen machen zwar eine gute Figur und ziehen den Blick auf sich, allerdings geht die Kraft der Pflanze in Blüten- und Samenbildung und nicht ins Wurzelwachstum. Aber genau darauf kommt es Ihnen im Garten an: Dass die Pflanzen schnell Fuß in ihrer neuen Heimat fassen. Hat die Pflanze bereits ausgetrieben, begutachten Sie auch die Blätter. Sind sie gesund, pflanzentypisch ausgefärbt und ohne braune Flecken? Ungewöhnlich große, »mastige« Blätter sind ein Zeichen für eine zu gute Nährstoffversorgung. Die verwöhnten Pflanzen wurzeln in Ihrem Garten nur schwer ein.

Immer mehr Gärtnereien verkaufen die Gartenblumen in großen Töpfen. Die Pflanzen selbst sind ebenfalls entsprechend groß, meist vollständig entwickelt und mit schönen Blüten. Diese Schönheiten kosten aber auch wesentlich mehr als die herkömmliche Topfware. Da die meisten Stauden bereits nach 2–3 Jahren zu stattlichen Exemplaren herangewachsen sind, können Sie sich diese Mehrausgaben sparen und die kleineren Schätze mit nach Hause nehmen. Sie wachsen besser an und können mit den Großen bald mithalten.

Ein prüfender Blick auf den Wurzelballen sagt viel über die Qualität der Pflanzen aus und wie schnell sie in Ihrem Garten anwurzeln werden.

Klassische Pflanzzeiten sind Frühling und Herbst. Beide haben eindeutige Vorteile: Die Pflanzen erhalten einerseits genügend Feuchtigkeit und werden andererseits nicht sofort extremen Temperaturen ausgesetzt. Wer im Frühjahr pflanzt, kann bereits nach wenigen Wochen das erste Blühen und Wachsen im Garten beobachten. Während der ganzen Vegetationsperiode haben die Neuankömmlinge Zeit, sich in ihrer neuen Heimat zu etablieren und gehen gestärkt mit vielen neuen Wurzeln in den Winter. Die herbstliche Pflanzzeit hat den Vorteil, dass die Pflanzen ihre Kraft in das Wurzelwachstum stecken. Gegen Winternässe oder Kälte empfindliche Stauden pflanzen Sie besser im Frühjahr. Sie sind auf die sommerliche »Schonfrist« angewiesen, um den Winter gut zu überstehen.

Beete bepflanzen –
so gelingt es leicht

Im Gartenplan haben Sie festgelegt, wo Blütenpflanzen mit ihrer Pracht den Garten verschönern sollen. Nach dem Einkauf kann es gleich losgehen mit der Pflanzaktion. Haben Sie nicht sofort Zeit, die Pflanzen ins Beet zu setzen, stellen Sie sie am besten an einen schattigen Ort. Kontrollieren Sie regelmäßig die Feuchtigkeit der Wurzelballen und gießen Sie bei Bedarf, damit die neuen Gartenbewohner auf der letzten Warteschleife, bevor es in die Erde geht, nicht schlapp machen.

Stechen Sie die festgelegte Beetgröße mit dem Spaten ab und säubern Sie die Fläche von Unkräutern. Am besten graben Sie die Erde sorgfältig um und zerkleinern die Schollen mit einem Krail oder einem groben Rechen, damit eine lockere, feinkrümelige Oberfläche entsteht. Viele Beetstauden danken es Ihnen, wenn Sie noch Humus mit in den Oberboden einbringen. Für beste Startbedingungen sorgt eine organische Düngung, z. B. mit Hornmehl oder Hornspänen, die oberflächlich in die Erde eingearbeitet wird. Die Pflanzen für das Beet stellen Sie kurz vor der Pflanzung in einen Wasserkübel, in dem sich die Wurzelballen so richtig mit Wasser vollsaugen können. Ist dies geschehen, topfen Sie die Pflanzen aus dem Behälter und verteilen sie so im Beet, wie Sie es vorher auf dem Pflanzplan eingezeichnet haben.

Ab in den Boden

Danach kommen die Pflanzen endlich in die Erde. Mit einem Handspaten buddeln Sie ein kleines Loch und setzen die Pflanze hinein – die meisten Pflanzen etwas tiefer als zuvor, sodass der Ballen mit etwa 1 cm Erde bedeckt ist. Das Loch mit Erde um den Ballen herum auffüllen und die Pflanze fest mit beiden Händen andrücken. Ist alles gepflanzt, ebnen Sie die Fläche vorsichtig mit einem Rechen. Zu guter Letzt gießen Sie die Neupflanzung mit einem Gartenschlauch gut an, damit die Erde gut an die Wurzelballen eingeschlämmt wird. Achten Sie in der ersten Zeit auf gleichmäßige Bodenfeuchte.

Ist der Boden auf die individuellen Standortbedingungen der Pflanzen vorbereitet, fassen Rosen, Lavendel, Gräser und andere Stauden schnell Fuß.

Beete BEPFLANZEN

Viele Jungpflanzen gehören auf den Speiseplan der Schnecken. Um sie zu schützen, verteilen Sie ein paar Schneckenkörner im Beet oder ergreifen andere vorbeugende Maßnahmen. Auch neu keimendes Unkraut hat im Beet nichts zu suchen. Am besten entfernen Sie es sofort.

Manche Pflanzen haben **besondere Ansprüche** an ihre neue Umgebung. Wie bereits auf Seite 9 beschrieben, spielt der Boden eine wesentliche Rolle für gutes Pflanzenwachstum. Wer trotz karger Erde auf eine prächtige Rabatte nicht verzichten möchte, wählt die Pflanzen entweder so aus, dass sie mit den gegebenen Bedingungen gut zurecht kommen, oder passt den Boden den Pflanzenwünschen an. Reichlich Kompost verbessert z. B. die Wasser- und Nährstoffspeicherfähigkeit von sandigem Boden. Schwere Böden werden leichter, wenn Sie Sand in den Oberboden mit einarbeiten. Auch verrotteter Kompost leistet gute Dienste. Eine ausgesäte Gründüngung mit Buchweizen oder *Phacelia*, die im Herbst eingearbeitet wird, verhindert, dass der Boden zu stark austrocknet und führt ihm zudem wertvollen Humus zu.

Grundausstattung an Geräten

- **Spaten:** Er hilft dabei, Kanten für frisch anzulegende Beete abzustechen und Erde umzugraben. Grössere Pflanzlöcher graben Sie ebenfalls mit dem Spaten.
- **Rechen:** Mit dem Rechen ziehen Sie nach dem Umgraben die Erde im Beet glatt und zerkleinern dabei gröbere Schollen.
- **Pflanzschaufel:** Stauden und Sommerblumen pflanzen Sie mit einer Pflanzschaufel ein.
- **Gießkanne:** Ein unabkömmlicher Helfer im Garten! Nach dem Pflanzen und in Trockenperioden verhelfen Sie schlappen Blumen wieder zu neuer Frische.
- **Eimer:** In den mit Wasser gefüllten Eimer tauchen Sie den Wurzelballen vor dem Einpflanzen.
- **Erntekorb:** Abgeschnittene Blüten für einen bunten Blumenstrauß sammeln Sie in einem Korb, den Sie mit einem feuchten Tuch ausschlagen.

Links: **Legen Sie die Stauden vor dem Pflanzen so im Beet aus, wie Sie es auf dem Pflanzplan eingezeichnet haben.**

Mitte: **Graben Sie mit der Handschaufel ein Pflanzloch und pflanzen die ausgetopften Gewächse an ihrem Platz ein. Zum Schluss gut andrücken.**

Rechts: **Anschließend gießen Sie gut an, damit die Erde um den Wurzelballen eingeschlämmt wird und die Wurzeln guten Erdkontakt erhalten.**

Wellness für Gartenblumen

Ein bisschen Arbeit muss sein – und dennoch bleibt noch genügend Zeit, das Grünen und Blühen vom Liegestuhl aus zu genießen. In einem gepflegten und gesunden Garten träumt es sich doch viel schöner... Am wenigsten Arbeit macht ein Beet, in dem die Pflanzen genau auf die gegebenen Standortbedingungen abgestimmt sind und die Pflanzen in ihren Wuchseigenschaften zueinander passen. Trotzdem muss Ihr grüner Daumen ab und zu lenkend eingreifen.

Mit sich kreuzenden Bambusstäben können Sie standschwache und hohe Triebe Ihrer Gartenblumen dekorativ stützen.

Dazu gehört die Nährstoffversorgung ebenso wie kleine Pflegemaßnahmen wie das Herausschneiden von Verblühtem oder das Stützen schwerer Blüten (z. B. bei Pfingstrosen) oder hoher Triebe.

Die wichtigsten Pflegearbeiten

- Während der ganzen Gartensaison gehört eine gute **Wasserversorgung** der Pflanzen zu den wesentlichen Faktoren, die für ein üppiges Wachstum verantwortlich sind. Nur ausgesprochene Trockenheit liebende Pflanzen kommen wochenlang ohne Wasser aus. Die meisten Beetstauden sind auf regelmäßige Wasserzufuhr angewiesen.
- Am besten gießen Sie am **frühen Morgen** oder in den **Abendstunden**. Gießen Sie lieber seltener, aber dafür durchdringend, statt oft und wenig.
- Neben Wasser müssen auch **Nährstoffe** regelmäßig zugeführt werden. Die Ansprüche sind dabei sehr unterschiedlich. Eine organische Grunddüngung im Frühjahr reicht meistens aus. Nur manche Pflanzen, die sehr groß werden und lange und üppig blühen, verlangen nach mehr.
- Eine **Mulchdecke**, z. B. mit Rindenmulch, Stroh oder Holzhäcksel vom Gehölzschnitt, schützt den Boden vor Austrocknung. Bodenorganismen zersetzen sie allerdings im Lauf der Zeit, sodass sie immer wieder erneuert werden muss.
- Im Herbst nimmt das Blühen langsam ein Ende. Die meisten Pflanzen vertragen jetzt einen bodennahen **Rückschnitt**, da ihre über den Sommer gebildeten Triebe absterben. Sie überwintern unter der Erde und treiben im Frühjahr wieder frisch aus.
- Auch wenn Stauden als **winterhart** gelten: Manche brauchen einen Schutz. Dabei ist es meist nicht die Kälte, die den Pflanzen zusetzt, sondern anhaltende Nässe und bei immer- oder wintergrünen Pflanzen die Wintersonne. Mit Reisig und Vlies schützen Sie die Gartenbewohner und bringen Sie sicher durch die graue Jahreszeit.
- Gräsern lassen Sie ihre Halme – sie dienen als eigener, natürlicher Winterschutz. Am besten binden Sie die Schopfe großer Gräser kegelförmig zusammen. Erst im Frühjahr entfernen Sie das alte Laub von der Pflanze.

▼ *Fixieren und Stützen* soll ein Umfallen der Triebe verhindern. Häufig sind die jungen Triebe noch standfest, doch spätestens wenn sich die üppigen Blüten in großer Zahl öffnen, kippen sie leicht über. Besonders häufig geschieht dies bei Prachtstauden wie Rittersporn oder Pfingstrose. Binden Sie die Triebe an Bambusstäben oder Reisig fest – oder verwenden Sie Staudenstützen aus dem Fachhandel.

◄ *Samenstände entfernen*
Die Blütenbildung kostet Kraft, erst recht jedoch das Ausreifen der Samen und Früchte. Schließlich muss der »Nachwuchs« frühzeitig mit wichtigen Nährstoffen versorgt werden. Die dabei benötigte Energie fehlt jedoch zur weiteren Blütenbildung. Schneiden Sie daher die verblühten Blüten ab und sichern sich anhaltende Blütenpracht – außer, wenn Sie Samen ernten wollen.

Schneiden und Stützen

Um die Blütenpracht richtig genießen zu können, brauchen die meisten Stauden etwas »Nachhilfe«. Zu den wichtigsten Maßnahmen gehört das Ausschneiden der Blüten, das Zurückschneiden nach der Blüte und das Stützen von nicht ganz standfesten Trieben. Schreiten Sie hier rechtzeitig zur Tat – Sie werden es sicher nicht bereuen. Das »gewusst wie« finden Sie auf dieser Seite.

► *Tiefer Rückschnitt* nach dem Abblühen entzieht der Pflanze zwar Kraft und Nährstoffe, die in den gebildeten Trieben und Blättern steckt, zugleich wird jedoch dabei der Neuaustrieb aus den unteren Knospen angeregt. Diese sind besonders wuchskräftig und bauen rasch wieder neue Stängel auf, es kommt so zu einer zweiten Blüte. Zu empfehlen ist dies besonders bei Kandidaten wie Rittersporn, Salbei oder Feinstrahl.

▲ *Rückschnitt nach der Blüte* ist für manche Arten sinnvoll, um die Bildung überlanger Triebe zu vermeiden, die einen unschönen Wuchs zur Folge hätten. Besonders eindrucksvolles Beispiel dafür ist der Lavendel. Ungeschnitten wirkt er langstielig und unförmig, gleich nach der Blüte zurückgestutzt bleibt er kompakt und formschön. Für welche weiteren Arten dies gilt, finden Sie in den Porträts.

Aus eins mach zwei –
Gartenblumen selbst vermehren

Von manchen Blumen reicht ein Exemplar einfach nicht aus. Vielleicht haben Sie einen neuen Platz für ein Beet im Garten entdeckt und möchten es möglichst günstig bepflanzen. Oder aber Ihre Pflanzen sind nach ein paar Jahren buchstäblich in die Jahre gekommen – ihre Vitalität lässt nach und es zeigen sich immer weniger Blüten. All dies sind gute Gründe, Ihren Pflanzen mit Spaten, Schere und Messer zu Leibe zu rücken, um mehr aus ihnen zu machen.

Die Teilung einer Pflanze ist ganz unproblematisch. Von einem Horst stechen Sie so viele Stücke ab, wie Sie haben möchten; zugleich soll von der ursprünglichen Pflanze noch etwas übrig bleiben. Diese Teilstücke setzen Sie gleich wieder dort im Garten ein, wo sie zukünftig wachsen sollen. Die Teilung führen Sie am besten im zeitigen Frühjahr durch. Dann haben die Pflanzen noch nicht ausgetrieben und die Wurzeln fangen gleich mit den wärmer werdenden Tagen an zu wachsen. Falls Sie erst später im Jahr dazu kommen, eine Pflanze zu teilen, schneiden Sie die Blätter bis auf eine Handbreit ab. Über die Blätter würde die Pflanze zu viel Wasser verdunsten und die Wurzelneubildung wäre damit gestört. Gräser teilen Sie bitte nur im Frühjahr.

Einfach geht es auch bei allen Pflanzen, die **Ausläufer** treiben. Sie wachsen unmittelbar an der Bodenoberfläche. Diese bewurzelten Teilstücke stechen Sie mit dem Spaten ab und setzen sie am neuen Platz wieder ein. Schneiden Sie die Triebe auf Handbreite ab und gießen Sie die Wurzeln reichlich an.

Oben: **Große Samen von Sommerblumen säen Sie aus,** indem Sie die Körner von Hand einzeln in Tontöpfe legen und sie darin weiterkultivieren.

Ganz links: **Eine Grabegabel hilf dabei, große Stauden in kleinere Stücke zu zerteilen,** die Sie an anderer Stelle wieder einpflanzen können.

Links: **Manche Zwiebelblumen, z. B. Tulpen oder Narzissen, bilden Brutzwiebeln aus.** Diese können Sie von der Hauptzwiebel abtrennen und neu einpflanzen.

Gartenblumen VERMEHREN

Stecklinge schneiden Sie von den Pflanzen, die sich nicht anders vermehren lassen oder von denen Sie in kürzester Zeit eine ganze Menge neuer Jungpflanzen brauchen. Die beste Zeit, Stecklinge zu schneiden, sind die Monate Mai bis Juni. Dann sind die Triebe mitten im Wachstum und noch relativ frisch. Als Vermehrungsmaterial eignen sich nur die Triebe, die noch keine Blüten angesetzt haben. Schneiden Sie die Triebspitzen unterhalb des dritten Blattpaares (von der Spitze gezählt) ab. Bei dicht beblätterten Stängeln, z. B. bei Lavendel, nehmen Sie die obersten 3–5 cm der Triebspitzen. Sehr große oder lange Blätter kürzen Sie mit dem Messer um etwa ein Drittel ein. Achten Sie sehr sorgfältig darauf, dass das Werkzeug scharf und sauber ist, um die Pflanzen nicht unnötig zu verletzen und Krankheiten zu übertragen.

Nachdem Sie die Stecklinge geschnitten haben, stecken Sie sie vorsichtig und ohne sie zu knicken in eine mit Vermehrungserde gefüllte Schale oder in Multitopfplatten. Gießen Sie die Triebe gut an und decken Sie sie anschließend mit einer Plastik- oder Glashaube ab, um eine hohe Luftfeuchtigkeit zu erhalten. Kontrollieren Sie täglich die Feuchtigkeit. Sobald sich erste Würzelchen gebildet haben, können Sie die Abdeckung entfernen. Mit einem Pikierstäbchen heben Sie den Steckling vorsichtig an, um die Wurzelbildung zu überprüfen.

Aus Samen ziehen Sie Sommerblumen heran. Der Packung entnehmen Sie die Aussaattermine. Meist können Sie schon ab Februar auf der Fensterbank Ihre Blütenstars heranziehen, ehe sie dann nach den Eisheiligen (Mitte Mai) in die Beete umziehen. Während des Sommers können Sie außerdem von besonders geschätzten Pflanzen neuen Samen sammeln, trocknen und dann daraus im nächsten Frühjahr neue Pflanzen heranziehen.

Bei Zwiebelblumen lassen sich ebenfalls aus Teilen der Mutterpflanze neue Pflänzchen heranziehen. Markieren Sie die Stellen im Boden, wo die zu vermehrenden Zwiebeln sitzen. Im Herbst graben Sie sie aus, nehmen die so genannten Brutzwiebeln, die sich um den Zwiebelboden herum gebildet haben, ab und setzen sie entweder an den neuen Platz im Garten oder in eine mit Substrat gefüllte Kiste, um sie dann im folgenden Herbst auszupflanzen.

① **Zur Stecklingsvermehrung benötigen Sie eine scharfe Schere oder ein scharfes Messer, eine Multitopfplatte, Aussaaterde und Gießkanne.**

② **Schneiden Sie die Stecklinge ca. 5 cm lang, immer genau unterhalb eines Blattpaares.**

③ **Mit Hilfe eines Steckholzes setzen Sie die Stecklinge vorsichtig in die Multitopfplatte.**

④ **Anschließend die Stecklinge vorsichtig angießen und mit einer Plastikhaube abdecken.**

Die schönsten Gartenblumen

»Wenn ich noch einmal auf die Welt komme,
werde ich wieder Gärtner,
und das nächste Mal auch noch.
Denn für ein einziges Leben
ward dieser Beruf zu groß.«
KARL FOERSTER

Stachelnüsschen
(Acaena buchananii)

↕ 5–10 cm ❁ 6–7 ○-◐ ☞

Wuchs: Kräftig wachsend, bildet dichte Polster, blaugrüne, unterseits dicht behaarte Blätter.
Blüte: Unscheinbar, aus ihnen wachsen jedoch zierende, lang bestachelte Früchte (Nüsschen), die der Pflanze den Namen geben.
Standort: Normaler Gartenboden in sonniger Lage, verträgt auch trockene Standorte gut.
Pflege: Keine besonderen Pflegemaßnahmen notwendig; wenn Teppiche zu groß werden, mit dem Spaten abstechen.
Tipps: Schöner Bodendecker für sonnige Gräber; die lockere Decke ist ideal für Zwiebelgewächse, z. B. Schneeglöckchen oder Märzenbecher.
Weitere Arten: *A. microphylla* 'Kupferteppich': etwas schwachwüchsiger, kupferfarbene Blätter; *A.*-Hybride 'Pipi': vital und wüchsig, braune Blätter.

Gold-Garbe
(Achillea filipendulina)

↕ 100–120 cm ❁ 6–8 ○ ☞

Wuchs: Horste bildend, wächst straff aufrecht, fein gefiederte, grüne Blätter.
Blüte: Große Blütendolde in Gelb, Kupfer und Rot auf festen Stielen.
Standort: Jeder normale nährstoffreiche Gartenboden an sonnigwarmen Plätzen.
Pflege: Zierende Blütenstände den Winter über stehen lassen, im zeitigen Frühjahr bodennaher Rückschnitt.
Tipps: Im Beet schön zusammen mit blau und weiß blühenden Partnern, z. B. Rittersporn, Katzenminze, Gartenmargerite; sehr gute Schnittstaude, Blüten zum Trocknen geeignet.
Sorten: 'Parker': große Dolden, wüchsig und sehr robust; *A.*-Filipendulina-Hybriden: 'Coronation Gold': gelbe Blüten über silbrigem Laub; 'Feuerland': rote Blüten.

Schaf-Garbe
(Achillea-Millefolium-Hybriden)

↕ 60–80 cm ❁ 6–9 ○ ☞

Wuchs: Kurze Ausläufer bildend, leicht wuchernd, locker wachsend, grünes, fein gefiedertes Laub.
Blüte: Lockere, große, flache Dolden in Rosa, Lila, Rot, Orange und Weiß.
Standort: Lockere, durchlässige, eher trockene Böden in sonniger Lage.
Pflege: Alle 2-3 Jahre teilen, um die Standfestigkeit zu erhöhen; Abgeblühtes entfernen, um die Nachblüte zu fördern.
Tipps: Fügt sich dank ihrer Sortenvielfalt mit vielen Farbabstufungen in Pflanzungen harmonisch ein, z. B. zusammen mit Gräsern; gute Schnittblume.
Sorten: 'Fanal': rot; 'Lachsschönheit': lachsrosa; 'Lilac Beauty': zartes lila, kräftig wachsend; 'Petra': tiefrot; 'Terracotta': rotbraun.

Sumpf-Garbe
(Achillea ptarmica)

↕ 30–60 cm ✿ 6–9 ○ ☞

Wuchs: Kurze Ausläufer bildend, stark wachsend, lanzettliche, dunkelgrüne Blätter.
Blüte: Lockere Dolden mit weißen Strahlenblüten auf straffen Stängeln, auch gefüllt blühende Sorten.
Standort: Frische bis feuchte Böden in sonniger Lage, keine zu trockenen Standorte wählen.
Pflege: Bei Trockenheit wässern und bei Bedarf stützen; Abgeblühtes regelmäßig ausschneiden, um die Nachblüte zu fördern.
Tipps: Schön zusammen mit Karpaten-Glockenblume, Taglilien; die Sorten sind gute, haltbare Schnittblumen.

Sorten: 'Schneeball': weiß gefüllt, standfest; 'Nana Compacta': niedrig, halbgefüllt, kompakt, z. B. für Steingärten.

Herbst-Eisenhut
(Aconitum carmichaelii)

↕ 140–160 cm ✿ 9–10 ◐–●

Wuchs: Hohe Staude mit kräftigem, straffem Wuchs, horstig, Blätter dunkelgrün, ledrig, glänzend.
Blüte: Blauviolette Blütentrauben, am Grund verzweigt.
Standort: Nährstoffreiche, frische Böden an kühlen Plätzen.
Pflege: Bodennaher Rückschnitt im Spätherbst, hohe Triebe bei Bedarf stützen.
Tipps: In der Pflanzung schön zu Silberkerzen, Prachtspieren, Herbst-Anemonen; wächst auch noch im dunklen Schatten; sehr gute Schnittblume, langlebig. Achtung: Die Pflanze ist in allen Teilen stark giftig!

Sorten: 'Arendsii': blauviolett, alte, aber sehr bewährte Sorte mit sehr später Blüte.

Blauer Eisenhut
(Aconitum napellus)

↕ 100–120 cm ✿ 7–8 ◐–●

Wuchs: Steif aufrecht, horstig, Stängel am Grunde verzweigt, dunkelgrüne Blätter, fiederartig geschlitzt.
Blüte: Intensiv blaue Blüten in dichten Blütenständen, auch weiße Sorten.
Standort: Nährstoffreiche, frische Böden in kühler bis tiefschattiger Lage.
Pflege: Vor dem Winter die Triebe bodennah abschneiden, hohe Triebe bei Bedarf stützen.
Tipps: Harmoniert gut mit Prachtspieren und Farnen; langlebig, blühfreudig. Achtung: Die Pflanze ist in allen Teilen stark giftig!

Sorten und weitere Arten: 'Schneewittchen': weiß, leuchtend im Schatten; *A. cammarum* 'Bicolor': 80–120 cm hoch, weißblaue Blüten; *A. lamarckii* (= *A. lyctotonum* subsp. *neapolitanum*): 100–130 cm hoch, hellgelbe Blüten an reich besetzten Rispen, straffer Wuchs, für Wildpflanzungen geeignet.

Duftnessel
(Agastache foeniculum)

⬆ 60–70 cm ✤ 7–8 ○-◐ ☞

Wuchs: Locker aufrecht wachsend, violetter Laubaustrieb im Frühjahr, Blätter nach Fenchel duftend.
Blüte: Lila Blütenkerzen, lange blühend, wertvolle Bienenweide.
Standort: Nährstoffreiche, lockere Böden.
Pflege: Bodennaher Rückschnitt im Spätherbst, im Sommer gut gießen, dabei möglichst die Blätter nicht benetzen.
Tipps: Nicht sehr langlebig, daher regelmäßig nachpflanzen; für natürliche Beete, etwa zusammen mit Schafgarbe oder Ehrenpreis; die Blätter lassen sich als Tee aufgießen.
Weitere Arten: *A.*-Hybride 'Blue Fortune': violett blühend, 90 cm hoch, dicht belaubt, standfest und kompakt, sehr lange blühend (bis Oktober).

Günsel
(Ajuga reptans)

⬆ 15–20 cm ✤ 4–5 ○-● ☞

Wuchs: Oberirdische Ausläufer bilden dichten Teppich, Blätter wintergrün, je nach Sorte unterschiedlich gefärbt, sehr wuchsfreudig.
Blüte: Blaue, quirlständige Blütenkerzen.
Standort: Für frische, nie ganz austrocknende, lehmig-humose Böden.
Pflege: Ausläufer mit dem Spaten abstechen, wenn zu stark wuchernd; Blütenkerzen nach dem Verblühen abschneiden.
Tipps: Sehr rasch wachsender Bodendecker, Blattschmuckstaude, wegen seiner Wüchsigkeit von Beginn an zusammen mit starken Konkurrenzpflanzen einpflanzen, etwa Immergrün oder Schaumblüte.

Sorte: 'Atropurpurea': rotviolettes Laub.

Stockrose
(Alcea rosea)

⬆ 150–200 cm ✤ 7–9 ○

Wuchs: Hohe, einzelne Blütenstiele mit auffällig gefärbten Blüten, Blätter rundlich, rau, oft nur zweijährig.
Blüte: Sehr große Einzelblüten als Trauben am Stängel sitzend, einfach und gefüllt blühende Sorten in Weiß, Rosa, Rot, Violett oder Gelb.
Standort: Nährstoffreicher, frischer, humoser Boden in vollsonniger Lage; bis zur Blüte gelegentlich stickstoffbetont düngen.
Pflege: Rückschnitt nach der Blüte verlängert die Lebensdauer.
Tipps: Alte Bauerngartenpflanze; schön in Gruppen an Zäunen, an denen sie sich anlehnen können; unbeengter Stand und gute Ernährung steigern die Lebensdauer; versamt sich selbst.

Sorten: 'Nigra': schwarzrot; 'Pleniflora': gefüllt blühend, in vielen Farben.

STAUDEN 33

Frauenmantel
(Alchemilla mollis)

Zwergmargerite
(Anacyclus pyrethrum var. depressus)

Silber-Perlkörbchen
(Anaphalis triplinervis)

↕ 30-40 cm ✾ 6-7 ○-● ☞

↕ 10-15 cm ✾ 5-6 ○

↕ 30-50 cm ✾ 8-9 ○

Wuchs: Kompakt wachsend, Blätter groß, behaart, Tau- und Regentropfen bleiben haften und funkeln in der Sonne.
Blüte: Zierliche, gelbliche Blütenschleier.
Standort: Nährstoffreiche Lehm- und Tonböden.
Pflege: Durch bodennahen Rückschnitt nach der Blüte folgt eine erneute Herbstblüte und ein kompakterer Aufbau; altes Laub vor dem Neuaustrieb im zeitigen Frühjahr entfernen.
Tipps: Robuste, gesunde Pflanze, vielseitig einsetzbar: einzeln im Vordergrund der Rabatte oder auch als Bodendecker, als Unterpflanzung von Rosen, flächig zusammen mit Storchschnabel-Arten oder zwischen lockeren Strauchhecken; Laub und Blüten sind zum Schnitt geeignet.

Wuchs: Kurze oberirdische Ausläufer, gefiederte Blätter, in der Jugend silbrig.
Blüte: Margeritenähnliche Blüten in weiß, schließen sich abends und bei Regen, dann attraktive rote Blütenblattspitzen sichtbar.
Standort: Durchlässiger Boden, empfindlich gegen Winternässe.
Pflege: Gegen Winterfeuchte die Pflanze mit Scheibe oder Plastikfolie während der Wintermonate abdecken, für Luftzufuhr sorgen, Boden mit Kies oder Schotter als Drainage anreichern.
Tipps: In Schalen oder Tröge pflanzen, Pflanze kurzlebig, deshalb regelmäßig durch Aussaat weitervermehren.

Wuchs: Kompakt wachsend, standfest, Blätter oberseits graugrün, unterseits weiß, wollig behaart.
Blüte: Doldige Blütenköpfe mit kleinen, weißen Blütchen.
Standort: Für nährstoffarme, sandig-steinige oder sandig-humose Böden.
Pflege: Bodennaher Rückschnitt im Spätherbst.
Tipps: Zur Beeteinfassung, Blüten eignen sich zum Trocknen, schön in Kombination mit anderen Trockenheit liebenden Pflanzen, z. B. Lavendel, Salbei, Blauschwingel.
Sorten: 'Sommerschnee': weiß, niedriger Wuchs, kompakter als die Art, insgesamt zierlicher, früher blühend; 'Silberregen': silbrigweiß, horstig wachsend, lockerer Blütenstand

Ochsenzunge
(Anchusa azurea, Syn.: A. italica)

↕ 100-130 cm ❀ 5-6 ○ ☞

Wuchs: Kräftig wachsend, raue, länglich-lanzettliche Blätter.
Blüte: Enzianblau, in großen Rispen.
Standort: Normaler Gartenboden in sonnig-warmer und sommertrockener Lage.
Pflege: Rückschnitt nach der Blüte, dann Neuaustrieb und erneute Blüte; höhere Sorten stützen; im Spätherbst bodennaher Rückschnitt; vor Winternässe im Wurzelbereich schützen.
Tipps: Schöner blauer Farbträger im Staudenbeet, lässt sich gut zusammen mit rotem Mohn und Bart-Iris kombinieren; sät sich selbst aus.
Sorten: 'Lodden Royalist': leuchtend blau, großblumig.

Frühlings-Anemone, Großes Windröschen
(Anemone sylvestris)

↕ 20-40 cm ❀ 5-6 ○-◐

Wuchs: Ausläufer treibend, sehr wüchsig, Blätter leicht behaart.
Blüte: Reinweiß mit gelben Staubblättern, leicht duftend, wollige Samenstände.
Standort: Bevorzugt warme, kalkreiche Böden; heimisch in sonnigen Busch- und Kiefernwäldern.
Pflege: Keine Pflegeansprüche, eignet sich gut zum Verwildern.
Tipps: Sät sich selbst aus, wertvolle heimische Art, schön unter lichten Laubgehölzen, Blüten für den Schnitt geeignet.

Weitere Arten: Nahe verwandt sind *A. nemorosa* und *A. ranunculoides* (siehe Seite 108); *A. canadensis*, Kanadische Anemone: 30-40 cm, grünlich-weiße Blüten, blüht 6-7, anspruchslos, starker Ausbreitungsdrang.

Herbst-Anemone
(Anemone-Japonica-Hybriden)

↕ 40-120 cm ❀ 8-10 ◐

Wuchs: Breitbuschig wachsend, sehr wüchsig, Blätter groß, tief/gelappt, schwach behaart.
Blüte: Weiße, rosa oder rote, schalenförmige, große, gefüllte und ungefüllte Blüten; wollige Samenstände.
Standort: Lehmig-humoser Gartenboden in halbschattiger Lage.
Pflege: Im ersten Jahr nach der Pflanzung Winterschutz notwendig; dazu Pflanzen mit Reisig oder Laub abdecken; bodennaher Rückschnitt im Spätherbst oder im zeitigen Frühjahr die welken Blätter entfernen.
Tipps: Prachtvoller Herbstblüher, schön in Kombination mit Gehölzen; als Pflanzpartner eignen sich z. B. Silberkerze, Eisenhut, Astilbe, Schaublatt und Farne; nicht zu dicht pflanzen, aber in kleinen Gruppen; Blüten zum Schnitt geeignet.

STAUDEN 35

Färber-Kamille
(Anthemis tinctoria)

Graslilie
(Anthericum ramosum)

↕ 30-70 cm ❋ 6-9 ○

Sorten: 'Königin Charlotte': rosa, halbgefüllt, 100 cm hoch; 'Pamina': weinrot, halbgefüllt, kompakter Wuchs, 40-70 cm hoch; 'Prinz Heinrich': Magentarot, halbgefüllt, anspruchsvoller als andere Sorten, 80 cm hoch; Rosenschale': dunkelrosa, großblütig, 80 cm hoch; 'Wirbelwind': weiß, halbgefüllt

Weitere Arten und Sorten:
A. hupehensis: ähnlich den *A.*-Japonica-Hybriden, aber Blütenfarben kräftiger, mehr rosa; 'Hadspen Abundance': lila-purpur, 70 cm hoch; 'Praecox': purpurrosa, 30-50 cm hoch; 'Septembercharme': hellrosa, 80 cm hoch; *A. tomentosa:* winterhärteste und robusteste Art, Wuchs und Eigenschaften ähnlich den *A.*-Japonica-Hybriden 'Robustissima': hellrosa, starkwüchsig, 90 cm hoch; 'Septemberglanz': zartes Rosa.

Wuchs: Kompakt wachsend, horstig, buschig, filzig behaarte Stängel, in der oberen Hälfte verzweigt, gefiederte Blätter, oberseits grün, unterseits grau-filzig, aromatisch duftend.
Blüte: Margeritenähnliche, gelbe Blüten.
Standort: Durchlässige, nährstoffarme Böden.
Pflege: Rückschnitt Anfang September, damit die Pflanze mit frischen Trieben in den Winter geht; bei schwerem Boden mit einer Drainage der Staunässe entgegen wirken.
Tipps: Die Sorten sind schöne Schnittblumen für die Vase.

Sorten: *A.*-Tinctoria-Hybriden 'Grallagh Gold': tief goldgelb, 60-90 cm hoch, 'Wargrave': hellgelb, stark wüchsig, 60-75 cm hoch; 'E. C. Buxton': zitronengelb, niedrig, 40-65 cm hoch.

↕ 40-70 cm ❋ 6-8 ○

Wuchs: Grundständige, grasartige Blätter mit verzweigtem Blütenstand.
Blüte: Klein, weiß, lilienartig, in Rispen angeordnet.
Standort: Durchlässiger Boden in warmer, sonniger Lage.
Pflege: Laub erst nach dem Winter entfernen; Blütenstände im Herbst ausschneiden; in schweren Böden Drainage einbauen, in trockenen Sommern wässern.
Tipps: Gute Schnittblume, filigraner Blüher für Wildstaudenpflanzungen.

Weitere Arten: *A. liliago:* unverzweigter Blütenstand, etwas früher blühend, 40-60 cm hoch.

Akelei
(Aquilegia-Hybriden)

↑ 50-60 cm ✿ 5-6 ☉-◐ ☞

Wuchs: Lockere Horste, zart flaumhaarig, Blätter blaugrün.
Blüte: Vielblütig in vielen Farbtönen, blau, violett, rosa, weiß, nickende Blütenköpfe mit Sporn.
Standort: Normaler, frischhumoser Gartenboden in Gehölznähe.
Pflege: Blütenstand nach der Blüte ausschneiden; dies sorgt für längere Lebensdauer der einzelnen Pflanze.
Tipps: Blüten eignen sich zum Schnitt; sät sich selbst im Garten aus; schön in lockeren, naturnahen Pflanzungen, z.B. mit Gräsern, Eisenhut, Anemonen; giftig!

Sorten und weitere Arten:
'Blue Star': hellblau; 'Red Hobbit': rot mit weißer Glocke, kompakt; *A. vulgaris*: Blüten in Dunkelblau, Violett, Rosa und Weiß, vielblütig, blaugrünes Laub, 40-80 cm hoch.

Nordlandmargerite
(Arctanthemum arcticum)

↑ 30-40 cm ✿ 9-10 ☉

Wuchs: Buschig wachsend, leicht Ausläufer bildend, Blätter glatt, frischgrün, gefiedert.
Blüte: Weiß, in breiten Büscheln, färben sich im Verblühen rosa.
Standort: Durchlässiger Gartenboden in vollsonniger Lage.
Pflege: Bodennaher Rückschnitt nach der Blüte; bei schwerem Boden Drainage einbauen.
Tipps: Dankbarer Spätblüher in Kombination mit Astern, Gräsern und Laub färbenden Gehölzen.

Sorten und weitere Arten:
'Roseum': zartrosa, üppig blühend; *A.*-Arcticum-Hybride 'Schwefelglanz': schwefelgelb mit dunklen Stielen; 'Stella': reinweiß, kompakter Wuchs, nur 25 cm hoch.

Eberraute
(Artemisia abrotanum)

↑ 80-100 cm ✿ 7-9 ☉

Wuchs: Kahler, reich verzweigter Halbstrauch, zierliche graugrüne Blätter, fein zerteilt, aromatisch duftend.
Blüte: Unscheinbar, gelblich.
Standort: Durchlässige Böden in warmen, sonnigen Lagen.
Pflege: Triebe erst im Frühjahr einkürzen, den Winter über an der Pflanze belassen, in rauen Lagen Winterschutz erforderlich.
Tipps: Alte Gewürz- und Heilpflanze, harmoniert mit anderen Vertretern aus dem sonnigen Kräuterreich, z.B. Lavendel, Salbei oder Currykraut; die Triebe lassen sich zu Duftsträußen verarbeiten.

Weitere Arten: *A. absinthium* 'Lambrook Mist': grau-grünes, fein geschlitztes Laub, verholzt, gut winterhart, 30-100 cm hoch.

STAUDEN 37

Edelraute
(Artemisia schmidtiana 'Nana')

↑ 20-25 cm ❀ 6-7 ○

Wuchs: Polster bildend, wüchsig, Blätter mit dichter, weißer Behaarung.
Blüte: Unscheinbar, weiß.
Standort: Nährstoffarme Böden in trockenen Lagen.
Pflege: Vor Winternässe schützen, z. B. mit Drainage im Boden; in rauen Lagen im Winter mit Vlies oder Reisig abdecken; Rückschnitt erst im Frühjahr, dadurch bleibt der Wuchs kompakt.
Tipps: Schöner Bodendecker für heiße, vollsonnige Lagen, auch in Trögen; harmoniert mit kleinen Glockenblumen-Arten, Blut-Storchschnabel; gut zur Unterpflanzung von Rosen.

Weitere Arten: *A. stelleriana* 'Mori': weiß-filzig behaart, gelbliche, unscheinbare Blüte, kriechender Wuchs, 30-60 cm hoch; *A. pontica:* wuchernd, nur für größere Flächen, sehr aromatisch, 40-80 cm hoch.

Geißbart
(Aruncus dioicus)

↑ 150-200 cm ❀ 6-7 ◐-● ☞

Wuchs: Kräftige, horstige Staude, Blätter dunkelgrün, gefiedert.
Blüte: Weibliche Blüten gelblich-weiß, männliche reinweiß, zart und dünn, etwas später blühend als die weiblichen, in bis zu 50 cm langen verzweigten Rispen.
Standort: Normale Gartenböden, in Wassernähe.
Pflege: Bodennaher Rückschnitt nach dem Winter; in rauen Lagen Winterschutz aus Reisig.
Tipps: Dauerhaft, kann sehr alt werden; sät sich alleine aus; schön in Kombination mit Eisenhut, Funkien oder Prachtspieren; Blüten zum Schnitt geeignet.

Weitere Arten: *A. aethusifolius:* kleinwüchsig, nur 30 cm hoch, fein gefiederte Blätter, verfärben sich im Herbst orange-rötlich, Blüten weiß.

Haselwurz
(Asarum europaeum)

↑ 5-10 cm ❀ 3-4 ◐-● ☞

Wuchs: Niedrige, Ausläufer bildende Staude mit nierenförmigen, immergrünen, ledrigen Blättern.
Blüte: Unscheinbar, außen bräunlich, innen dunkelrot.
Standort: Humus- und kalkreicher Boden, unter Laubbäumen.
Pflege: Nicht zu tief pflanzen.
Tipps: Wertvolle Unterpflanzung für Gehölze, bildet dichte immergrüne Teppiche; auch für tiefen Schatten geeignet; verträgt zeitweise Trockenheit; giftig!

Waldmeister
(Asperula odorata,
Syn.: *Galium odoratum)*

↑ 10-20 cm ❋ 5-7 ◐-● ☞

Wuchs: Bildet kurze Ausläufer, kriechend, Blätter frischgrün, zart, lanzettlich.
Blüte: Weiße Sternblüten in locker verzweigten Trugdolden, duftend.
Standort: Für frische, nährstoffreiche, humose oder auch steinige Lehmböden, unter Laubgehölzen.
Pflege: Da sehr wüchsig, Pflanze bei Bedarf mit dem Spaten abstechen.
Tipps: Nicht neben schwachwüchsige Stauden setzen; gute Partner sind z. B. Busch-Windröschen, Maiglöckchen, Farne und Gräser; zur Unterpflanzung von lockeren Strauchgruppen geeignet.

Junkerlilie
(Asphodeline lutea)

↑ 80-100 cm ❋ 5-6 ○

Wuchs: Kurze Ausläufer bildend, mit lauchähnlichen, büscheligen Blättern, Schaft bis oben beblättert.
Blüte: Gelb, in dichten Trauben, unverzweigt.
Standort: Durchlässige, aber nährstoffreiche Böden in vollsonniger Lage.
Pflege: Winterschutz mit Vlies und/oder Reisig erforderlich.
Tipps: Für mediterran anmutende Pflanzungen, zusammen mit Katzenminze, Spornblume, Lilien, Schwingel.
Weitere Arten: *A. liburnica:* Verzweigte Blütenstände mit ganz kleinen gelben Lilienblüten an schlanken, hohen Trauben, etwas später blühend, 90-100 cm hoch, eine Besonderheit für Liebhaber.

Alpen-Aster
(Aster alpinus)

↑ 15-20 cm ❋ 5-6 ○

Wuchs: Grundständige, längliche Blätter in Rosetten, Stängel beblättert.
Blüte: Violettblau, rosa, weiß, große Blütenköpfe mit gelber Mitte.
Standort: Steinige, durchlässige Böden.
Pflege: Jährlich teilen, sonst sehr kurzlebig.
Tipps: Boden mit Kies und Sand abmagern; Teilung erfolgt nach der Blüte; schön auch in Schalen und Trögen.
Sorten: 'Albus': weiß; 'Antje': blau, gefüllt; 'Dunkle Schöne': dunkelviolett; 'Happy End': rosa Töne.

STAUDEN 39

Berg-Aster
(Aster amellus)

⬆ 40-60 cm ✤ 7-9 ○

Wuchs: Am Grunde verholzend, oben verzweigt, raue Blätter und Stängel, Blätter breit lanzettlich.
Blüte: Blaulila, rot oder weiß, in großen, lockeren Trauben.
Standort: Kalkhaltiger und durchlässiger Boden in warmer und trockener Lage.
Pflege: Pflanzung nur im Frühjahr; in schweren Boden Drainage einarbeiten; Rückschnitt nach der Blüte.
Tipps: Schöner Begleiter zu hohen Bart-Iris, Federgras oder Türken-Mohn; Blüten zum Schnitt geeignet; je trockener und durchlässiger der Standort, desto langlebiger sind die Pflanzen.

Sorten: 'Kobold': violettblau; 'Lady Hindlip': rosa; 'Veilchenkönigin': violett.

Schleier-Aster
(Aster divaricatus)

⬆ 50-60 cm ✤ 8-10 ○-◐ ☞

Wuchs: Lockerer Aufbau, Blätter ei-lanzettlich, lang gestielt.
Blüte: Weiß mit brauner Mitte, sternförmig, zierlich, in lockeren, breiten Dolden.
Standort: Für sandige Böden in trockener Lage.
Pflege: Bodennaher Rückschnitt im Spätherbst.
Tipps: Bestens geeignet zur Unterpflanzung von Gehölzen, zusammen mit Wiesenraute oder Felberich; Blüten für den Schnitt geeignet.

Weitere Arten: *A. cordifolius* 'Ideal': 80-100 cm hoch, im Alter überhängender Wuchs, lavendelblaue Blüten in großen Rispen, schön im Vordergrund eines Staudenbeets.

Kissen-Aster
(Aster-Dumosus-Hybriden)

⬆ 25-50 cm ✤ 8-10 ○

Wuchs: Kriechender Wurzelstock, kompakter, kissenförmiger Wuchs, Blätter lineal-lanzettlich, dunkelgrün.
Blüte: Blau, rot, rosa, weiß, lockerer bis dichter Blütenstand, überreich blühend.
Standort: Humoser, nährstoffreicher Gartenboden in nicht zu warmer und trockener Lage.
Pflege: Während der Wachstumszeit zusätzlich düngen, bei Trockenheit gießen; flächige Pflanzungen alle paar Jahre mit der Grabgabel locker auslichten und Bestände mit Humus überdecken; Rückschnitt im Spätherbst.
Tipps: Schöne Blüher für Beeteinfassungen, aber auch flächige Verwendung möglich; Kombinationen mit Gräsern sind besonders reizvoll.

Sorten: 'Blaue Lagune': leuchtend blau; 'Kassel': rot; 'Kristina': weiß.

Myrten-Aster
(Aster ericoides)

↑ 50-100 cm ✤ 10-11 ○

Wuchs: Buschig, dicht verzweigt, Blätter lineal-lanzettlich, klein.
Blüte: Blau, lila, rosa, weiß, in lockeren Rispen, zahlreich, reich verzweigte Stängel.
Standort: Sandige, durchlässige Böden in trockenen Lagen.
Pflege: Bodennaher Rückschnitt nach der Blüte; hohe Sorten stützen.
Tipps: Darf in keinem Herbststrauß fehlen; schön in Kombination mit Prachtscharte, Goldrute.

Sorten: 'Blue Star': blau, kompakter Wuchs, standfest; 'Erlkönig': hellviolett (siehe Foto); 'Lovely': zartrosa; 'Hug': weiß, neue Sorte, etwas früher blühend.

Wildblatt-Aster
(Aster laevis)

↑ 60-120 cm ✤ 9-10 ○-◐ ☞

Wuchs: Sehr wüchsige Wildart, kriechender Wurzelstock, leicht überhängende Triebe, lanzettliche Blätter.
Blüte: Blau oder violett-purpur, große Köpfe, lockerer Blütenstand.
Standort: Humose, lehmige Böden in lichten und trockenen Lagen.
Pflege: Bodennaher Rückschnitt nach der Blüte.
Tipps: Reich und lange blühend, sehr schöne Wildart; passt gut in Kombination mit Stauden-Sonnenblumen und Goldrute.

Sorten: 'Calliope': große violette Blüten, rötliches Laub.

Goldhaar-Aster
(Aster linosyris)

↑ 30-60 cm ✤ 8-9 ○

Wuchs: Aufrecht wachsend, Blätter schmal-lineal, grasartig.
Blüte: Goldgelb, klein, ohne Zungenblüten, in dichten, endständigen Doldentrauben auf unverzweigten Stängeln.
Standort: Lehmig-sandige Böden in trockenen Lagen.
Pflege: Rückschnitt nach der Blüte.
Tipps: Blüten zum Schnitt geeignet, schön zu Berg-Aster, Mädchenauge, Schwingel, Federgras.

STAUDEN 41

Raublatt-Aster, Herbst-Aster
(Aster novae-angliae)

↑ 50-150 cm ✽ 9-10 ○

Wuchs: Wurzelstock ohne Ausläufer, Stängel dicht beblättert, Blätter lanzettlich bis breit-lineal, behaart.
Blüte: Rot, rosa, weiß, dicht verzweigter Blütenstand, Blüten schließen sich am Abend und bei trübem Wetter.
Standort: Humoser, frischer, nährstoffreicher Gartenboden.
Pflege: Bodennaher Rückschnitt nach der Blüte; bei Trockenheit gießen, Triebe stützen.
Tipps: Bei neueren Sorten bleiben die Blüten geöffnet.
Sorten: 'Alma Pötschke': lachsrosa, halbgefüllt; 'Barr's Blue': blauviolett, halbgefüllt; 'Purple Dome': tief purpurviolett, niedrige, kompakte Art; 'Rudelsburg': leuchtend rosa; 'Herbstschnee': reinweiß.

Glattblatt-Aster, Herbst-Aster
(Aster novi-belgii)

↑ 90-150 cm ✽ 8-11 ○

Wuchs: Kriechender Wurzelstock, Blätter lanzettlich, glatt, Stängel rötlich anlaufend.
Blüte: Blau, rosa, weiß, Blütenstand doldenrispig.
Standort: Frische, nährstoffreiche, lehmige Böden.
Pflege: Für luftigen Stand sorgen, sonst Mehltaugefahr; Triebe stützen, regelmäßige Düngergaben; bei Trockenheit gießen; überalterte Pflanzen teilen und neu pflanzen.
Tipps: Wertvolle Schnittblume; schöne Partner sind Flammenblume, Goldrute, Gräser.

Sorten: 'Blaue Nachhut': hellblau, späteste Sorte; 'Dauerblau': blau, lang blühend; 'Gnom': hellrot, 'Sailor Boy': dunkel-violettblau; 'Marie Ballard': hellblau, gefüllt, großblumig; 'Royal Ruby': rubinrot.

Schmalblättrige Aster
(Aster sedifolius 'Nanus')

↑ 30-40 cm ✽ 8-9 ○

Wuchs: Kompakter Wuchs, Stängel verzweigt, dicht beblättert, Blätter lineal-lanzettlich, blaugrün.
Blüte: Lila, sternförmig, doldiger Blütenstand.
Standort: Warme, durchlässige Böden.
Pflege: Rückschnitt nach der Blüte, bei schweren Boden Drainage einarbeiten.
Tipps: Schöner Blüher für trockene Lagen, zusammen mit Fingerstrauch *(Potentilla fruticosa)*, Gräsern und Wildstauden mit Steppencharakter.

Prachtspiere
(Astilbe-Arendsii-Hybriden)

⬆ 70–100 cm ❋ 6–8 ◐–● ☞

Wuchs: Dichter Wurzelstock, gefiederte Blätter.
Blüte: Weiß, rosa, rot, fedrige Blütenrispen.
Standort: Feuchter, nahrhafter Humusboden, bei ausreichend feuchtem Boden auch sonniger Stand möglich.
Pflege: Blütenstände über den Winter stehen lassen, bodennaher Rückschnitt erst im Spätwinter; Stauden etwa alle 4 Jahre teilen und neu pflanzen.
Tipps: Die Blüten sind an Leuchtkraft im Schatten unübertroffen und sehr dekorativ; flächige Pflanzung mit verschiedenen Sorten möglich; Kombinationen mit Funkien, Schattengräsern, Silberkerzen, Eisenhut, Farnen.

Sorten: 'Apfelblüte': weißrosa; 'Brautschleier': weiß; 'Cattleya': rosa; 'Grete Püngel': hellrosa, dunkle Blütenstiele; 'Spinell': leuchtend rot.

Weitere Arten: *A. chinensis* var. *pumila*: Zwergform, 30–40 cm hoch, verträgt auch Sonne und Trockenheit, rosa blühend, kriechender Wuchs, als Bodendecker geeignet; *A. taquetii* 'Purpurlanze': hohe Sorte, ca. 100 cm, leuchtend violette Blüte, zierende Samenstände; <u>*A.-Japonica*-Hybriden:</u> frühere Blüte als andere Arten, 40–60 cm hoch, viele Sorten: 'Deutschland': weiß, kräftige Stiele; 'Europa': hellrosa (siehe Foto rechts); 'Mainz': lilarosa; 'Montgomery': leuchtend dunkelrot; <u>*A.-Thunbergii*-Hybriden:</u> verzweigte, graziös überhängende Blütenrispen, ca. 100 cm hoch, Sorten: 'Elegans': weiß; 'Rote Straußenfeder': rot; 'Straußenfeder': rosa.

Schaublatt
(Astilboides tabularis)

⬆ 100–150 cm ❋ 6–7 ○–◐

Wuchs: Sehr groß werdend, Blätter bis zu 0,5 m Durchmesser, lang gestielt, schildförmig, borstig behaart.
Blüte: Weiß, zierliche Blütenrispen.
Standort: Humusreicher, nährstoffreicher Boden in kühl-feuchten Lagen unter tief wurzelnden Bäumen.
Pflege: Vor Vernässung schützen, bodennaher Rückschnitt im Spätherbst.
Tipps: Schöne Blattschmuckstaude; passt gut in Teichnähe; treibt spät aus, benötigt etwa 3 Jahre bis zur vollen Entwicklung.

STAUDEN 43

Sterndolde
(Astrantia major)

Bergenie
(Bergenia-Hybriden)

↑ 50–60 cm ❋ 7–9 ○–◐

↑ 20–60 cm ❋ 3–5 ○–● ☞

Wuchs: Horstig wachsend, handförmig gelappte Blätter.
Blüte: Weißlich-grün, rosa, rot, einfache Dolde.
Standort: Gedeiht in jedem normalen Gartenboden in gleichmäig feuchten Lagen.
Pflege: Abgeblühtes entfernen, sonst Selbstaussaat; nicht düngen.
Tipps: Wirkt besonders anmutig in schattigen Wildgartenpartien; schön zusammen mit Glockenblumen, Schnee-Felberich und Nachtviolen; Blüten zum Schnitt geeignet; versamt sich, wenn sie sich an ihrem Gartenplatz wohlfühlt.

Sorten und weitere Arten: 'Ruby Cloud': rosarote Blütenfarben, sehr gute Schnittblume; *A. maxima* 'Rosea': Blüten weißlich-rosa, groß, 30–50 cm hoch, Bienenweide.

Wuchs: Wüchsige Stauden mit kriechendem, dickem Wurzelstock, große, ledrige, meist wintergrüne Blätter, bei manchen Sorten im Herbst rötlich verfärbend.
Blüte: Rosa, lila, weiß, bis zu 50 cm hohe Trugdolden.
Standort: Anspruchslos, gedeiht in jedem Gartenboden.
Pflege: Verwelkte Blätter im Spätwinter entfernen, frühe Blüten vor Spätfrösten und Blätter vor Wintersonne schützen.
Tipps: Auf mageren Böden intensivere Laubfärbung im Herbst; lange Blütenstiele und Blätter für den Schnitt geeignet; dekorative, robuste Blattschmuckstaude, schön in Verbindung mit Gehölzen und Steinen, in Kombination mit Elfenblume, Lungenkraut, Veilchen.

Sorten: 'Abendglut': dunkelrot, halbgefüllt, bräunliche Herbstfärbung; 'Admiral': purpurrot, Blätter rot färbend, sehr ansehnlich; 'Baby Doll': hellrosa, später babyrosa verblühend, gedrungener Wuchs; 'Biedermeier': hellrosa, reichblütig, kompakt wachsend; 'Blickfang': rosa, sehr robust, rotes Winterlaub; 'Carmen': dunkelrosa, niedrige Sorte; 'David': pink, rote Laubfärbung im Winter; 'Herbstblüte': rosa, kompakter Wuchs, zweite Blüte im Herbst; 'Oeschberg': rosa, innen weiß, lang gestielt, späte Blüte, besonders winterhart, für raue Lagen geeignet; 'Rosa Zeiten': hellrosa, dunkle Stiele, rotes Winterlaub; 'Rosi Klose': pink, lang und reich blühend, dekorative Herbstfärbung; 'Schneekönigin': zartrosa, großblütig, Blätter mit gekrausten Rändern (siehe Foto rechts); 'Silberlicht': weiß, reich blühend, starkwüchsig.

Weitere Arten: *B. cordifolia*: rundlich-herzförmige Blätter, schirmartige Blüten, sehr dankbare Art, 20–40 cm hoch, Sorte: 'Rotblum': rot; *B. crassifolia* 'Rubra': purpurrot, dickblättrig, Blätter färben sich in der Sonne rot, frühe Blüten sind stätfrostgefährdet, 20–40 cm hoch.

Scheinaster
(Boltonia asteroides)

⬆ 80-100 cm ✤ 7-10 ◐-◑ ☞

Wuchs: Wirkt ähnlich wie Astern, weidenartige blaugrüne Blätter.
Blüte: Weiß, lila, purpur, Blütenstand groß, locker verzweigt, leicht überhängend.
Standort: Anspruchslos, gedeiht in jedem Gartenboden in sonniger Lage.
Pflege: Bodennaher Rückschnitt im Spätherbst, Triebe stützen.
Tipps: Für Pflanzungen mit naturnahem Charakter; harmoniert gut mit Sonnenhut, Astern oder einjährigen Sommerblumen wie Kosmeen; sehr gute Schnittblume.

Sorten: 'Pink Beauty': zartrosa, standfest; 'Snowbank': weiß, besonders standfest, reich blühend (siehe Foto).

Kaukasus-Vergissmeinnicht
(Brunnera macrophylla)

⬆ 30-50 cm ✤ 4-5 ◐-● ☞

Wuchs: Dicht und horstig wachsend, herzförmige, raue, dunkelgrüne Blätter.
Blüte: Blau, klein, vielblütig, rispige Blütenstände.
Standort: Frische, humos-lehmige Gartenböden, in sonniger Lage dauerhaft frischer bis feuchter Boden nötig.
Pflege: Bei der Pflanzung organisches Material (Humus, Kompost) der Pflanzerde beimischen.
Tipps: Sehr schöner Frühlingsblüher, sät sich selbst aus, schön unter lichten Gehölzen in naturnahen Pflanzungen; als Begleiter eignen sich viele Frühlingsblüher und Zwiebelblumen.

Sorten: 'Langtrees': silbrig geflecktes Laub; 'Variegata': große, herzförmige Blätter mit weißem Rand.

Ochsenauge
(Buphthalmum salicifolium)

⬆ 40-50 cm ✤ 6-9 ○ ☞

Wuchs: Knotiger Wurzelstock, Horste breiten sich langsam aus, lanzettlich beblätterte Stängel.
Blüte: Goldgelb, strahlenförmig, sehr reich und lange blühend.
Standort: Locker-humoser mäßig nährstoffreicher Boden.
Pflege: Bodennaher Rückschnitt im Spätherbst.
Tipps: Sehr dankbare Schnittblume, für lichte Gartenplätze unter Gehölzen, passt gut in naturnahe Pflanzungen, z. B. zusammen mit Prachtscharte, Salbei und Mädchenauge.

STAUDEN 45

Steinquendel
(Calamintha nepeta)

↕ 40–50 cm ❋ 7–9 ◐–◑ ☞

Wuchs: Wüchsig, lockerer Aufbau, am Grunde verholzend, Blätter graublau, aromatisch duftend.
Blüte: Violettblau, weiß, doldiger Blütenstand, lange blühend.
Standort: Humose, nährstoffreiche, durchlässige Böden, gedeiht auch noch im lichten Schatten.
Pflege: Bodennaher Rückschnitt im Spätherbst.
Tipps: Wegen des zierlichen Wuchses optimaler Begleiter zu Rosen, Storchschnabel-Arten, Junkerlilie oder Fetthenne; passt auch gut in den Duftgarten.

Sorten: 'Blue Cloud': kräftiges Violettblau; 'Weißer Riese': weiß.

Karpaten-Glockenblume
(Campanula carpatica)

↕ 15–30 cm ❋ 6–7 ◐ ☞

Wuchs: Buschig wachsend, Blätter eirund-herzförmig, hellgrün.
Blüte: Blau, weiß, große glockenförmige Blüten.
Standort: Gedeiht in jedem normalen Gartenboden, anspruchslos.
Pflege: Bei Trockenheit gießen, altes Laub im Spätwinter entfernen.
Tipps: Fühlt sich sowohl im Steingarten als auch als Einfassungs- oder Randbepflanzung in der Staudenrabatte wohl; wertvoll wegen ihrer großen, auffälligen Blüten, schön auch im Topf.

Sorten: 'Blaue Clips': violettblau; 'Blaumeise': hellblau mit weißer Mitte; 'Kobaltglocke': dunkelviolett; 'Weiße Clips': weiß.

Riesen-Glockenblume
(Campanula lactiflora)

↕ 80–100 cm ❋ 6–8 ◐–◑

Wuchs: Dicker, fleischiger Wurzelstock, leicht behaarte, oval-lanzettliche Blätter, Triebe bogig überhängend.
Blüte: Hellblau, lila-blau, rosa, breitglockig in weit verzweigten, dichten Dolden.
Standort: Humose, feuchtlehmige, nährstoffreiche Gartenböden, auch an halbschattigen Plätzen.
Pflege: Triebe stützen, bodennaher Rückschnitt im Spätherbst.
Tipps: Eindrucksvolle Staude für Rabatten, sät sich selbst aus; schöner Partner zu höheren Strauchrosen oder Taglilien.

Sorten: 'Alba': weiß; 'Loddon Anne': zart lilarosa; 'Prichard's Variety': helles Violettblau; 'Superba': dunkelblau.

Wald-Glockenblume
(Campanula latifolia var. macrantha)

⬆ 80-100 cm ❈ 6-8 ◐-●

Wuchs: Horstig, aufrecht wachsend, Blätter dunkelgrün, breit-lanzettlich, dunkelgrün.
Blüte: Dunkelviolett, weiß, groß, breitglockig.
Standort: Anspruchslos, allerdings sollte der Boden etwas feucht sein.
Pflege: Triebe bei Bedarf stützen, bodennaher Rückschnitt im Spätherbst.
Tipps: Heimische Wildstaude, eindrucksvoll, wirkt besonders schön in Kombination mit Funkien, Farnen und Schattengräsern.

Sorten und weitere Arten:
'Alba': weiß; *C. glomerata*: Knäuel-Glockenblume, weiße oder blaue Blüten 50-60 cm hoch, typische Bauerngartenpflanze, Sorten: 'Alba': weiß; 'Dahurica': violettblau.

Pfirsichblättrige Glockenblume
(Campanula persicifolia)

⬆ 50-100 cm ❈ 6-7 ○-◐

Wuchs: Ausläufer treibend, aufrecht wachsend, Stängel meist unverzweigt.
Blüte: Blau, weiß, groß und breitglockig in lockerer Traube.
Standort: Nährstoffreiche, humose Gartenböden, auch für trockene Lagen.
Pflege: Triebe bei Bedarf stützen, bodennaher Rückschnitt im Spätherbst.
Tipps: Für natürlich wirkende Rabatten, schön zusammen mit Funkien, Taglilien oder Ehrenpreis; gute Schnittblume.

Sorten: 'Blue Bloomers': leuchtend blau, halbgefüllt, gute Fernwirkung, neue Sorte; 'Grandiflora Alba': weiß; 'Grandiflora Caerulea': blau; 'Telham Beauty': violettblau, reich blühend.

Hängepolster-Glockenblume
(Campanula poscharskyana)

⬆ 10-15 cm ❈ 6-9 ○

Wuchs: Kriechender Wuchs, rankende Triebe bis zu 70 cm lang, sehr wüchsig.
Blüte: Lavendelblau, sternförmig, weit geöffnet.
Standort: Anspruchslos, normale Gartenböden.
Pflege: Wenn die Pflanzen sich zu breit machen, mit dem Spaten abstechen.
Tipps: Als Hängepflanze in Kästen oder Schalen, zur Begrünung von Mauern, breitet sich durch Selbstaussaat weitläufig aus; wintergrüne Sorten sind besonders wertvoll.

Sorten und weitere Arten:
'Blauranke': hellblau, stark wüchsig; 'E.H. Frost': weiß, wintergrün, starkwüchsig; 'Glandore': blau mit weißem Auge, wintergrün; 'Stella': violett mit dunklen Stielen, wintergrün; *C. garganica*: lila Blütensterne, 10-15 cm hoch; *C. portenschlagiana*, Teppichglocke: dunkelblaue Glöckchen, für Steingärten und Mauerfugen, 10-15 cm hoch.

STAUDEN 47

Punktierte Glockenblume
(Campanula-Hybride 'Sarastro')

↕ 60-70 cm ✿ 7-8 ○-◐ ☞

Wuchs: Aufrechte Triebe, bildet kurze Ausläufer, wüchsig.
Blüte: Dunkelviolett, innen leicht punktiert, lange und reich blühend, sehr große, hängende Glockenblüten.
Standort: Lockere, nährstoffreiche Gartenböden in lichtem Schatten.
Pflege: Rückschnitt nach der Blüte bringt zweiten Flor, vor dem Winter bodennaher Rückschnitt.
Tipps: Wertvolle Neuheit im Glockenblumen-Sortiment, sehr auffällig, schön zu Purpurglöckchen und Bergenien.

Sorten: *C.*-Hybride 'Elizabeth': rosarot, innen cremefarbene Flecken.

Berg-Flockenblume
(Centaurea montana)

↕ 35-50 cm ✿ 5-7 ○ ☞

Wuchs: Kurze Wurzelaustriebe, Blätter dunkelgrün, lanzettlich, Stängel meist unverzweigt, behaart.
Blüte: Blau, kornblumenähnlich.
Standort: Locker-humoser, relativ nährstoffreicher Boden, anspruchslos, trockenheitsverträglich
Pflege: Blüten remontieren nach Rückschnitt, vor dem Winter bodennaher Rückschnitt.
Tipps: Schöne heimische Wildpflanze, gut in Kombination mit Schafgarbe, Mädchenauge, Türken-Mohn oder weißen Indianernesseln; wertvolle Schnittblume.

Sorten und weitere Arten: 'Alba': weiß; 'Grandiflora': blau, großblütig; *C. jacea:* rötlich-purpur, 60 cm hoch, heimische Wildstaude für lockere, frische, durchlässige Böden; *C. hypoleuca:* rosa, üppige Belaubung und große Blütenköpfe, 40-70 cm hoch, Sorte: 'John Coutts': dunkelrosa mit heller Mitte.

Rosa Flockenblume
(Centaurea dealbata)

↕ 50-80 cm ✿ 6-7 ○

Wuchs: Aufrecht, locker verzweigt, Blätter grün, unterseits weißfilzig.
Blüte: Rosa, innen weiß, Hüllblätter mit kammförmigem Saum, lange und reich blühend.
Standort: Anspruchslos, gedeiht in jedem normalen Gartenboden, trockenheitsverträglich.
Pflege: Verblühtes zurückschneiden, dann folgen ständig neue Blüten, Blätter beim Gießen möglichst nicht benetzen, lange Triebe bei Bedarf stützen.
Tipps: Schön in Kombination mit anderen leuchtkräftigen Pflanzen, z.B. Schafgarbe, Taglilien, Feinstrahlaster; gute Schnittblume.

Weitere Arten: *C. macrocephala:* gelbe Blüten, artischockenähnlich, bis 150 cm hoch, für nährstoffreiche Böden.

Spornblume
(Centranthus ruber)

↕ 50-60 cm ❊ 6-9 ○ ☞

Wuchs: Lockerer Wuchs, verzweigt, blaugrüne Blätter, breit eiförmig.
Blüte: Rot, weiß, üppig blühend.
Standort: Kalkhaltiger, trockener, durchlässiger, auch steinhaltiger Boden in sonnigen, trockenen Lagen.
Pflege: Verblühtes ausschneiden, dann lange Nachblüte; vor dem Winter bodennaher Rückschnitt; bei Bedarf wild aufgegangene Sämlinge entfernen.
Tipps: Sehr leuchtkräftig, versamt sich reichlich; schön zu Mädchenauge, Katzenminze, Lavendel; gute Schnittblumen.

Sorten: 'Albus': weiß; 'Coccineus': leuchtend karminrot (siehe Foto); 'Rosenrot': hellrot.

Hornkraut
(Cerastium tomentosum)

↕ 10-15 cm ❊ 5-6 ○ ☞

Wuchs: Kriechend, Teppiche bildend, starkwüchsig, blaugrüne, lanzettliche Blätter.
Blüte: Weiß, endständig, sternförmig.
Standort: Durchlässige, trockene Gartenböden, an sonnigen Trockenmauern, in Fugen.
Pflege: Anspruchslos, verkahlende Pflanzen zurückschneiden.
Tipps: Schnell wachsender Bodendecker für sonnig-heiße Lagen, eignet sich auch zur Beeteinfassung, silbriges Laub mit guter Fernwirkung.

Sorten und weitere Arten: *C. tomentosum* var. *columnae*: weißfilziges Laub, weiße Blüte, auffallend schöne Polsterstaude, etwas niedriger als *C. tomentosum*; *C. arvense* 'Compactum': sattgrünes, dichtes Polster, breitet sich rasch aus, reichblütig, 10-20 cm hoch.

Bleiwurz
(Ceratostigma plumbaginoides)

↕ 15-20 cm ❊ 8-10 ○-◐ ☞

Wuchs: Unterirdische Ausläufer, bildet dichtes Geflecht, Triebe aufrecht, glatte, verkehrt eiförmige Blätter, im Herbst rötlich verfärbend.
Blüte: Azurblau, trichterförmig, endständig.
Standort: Nährstoffarme, kalkhaltige, durchlässige Böden in trockenen, warmen Lagen.
Pflege: Junge Pflanzen benötigen einen Winterschutz, z.B. mit Reisig abdecken; Frühjahrspflanzung empfehlenswert, damit die Pflanzen vor dem Winter ausreichend Wurzeln bilden.
Tipps: Wertvoller Bodendecker wegen später Blütezeit und prachtvoller Herbstfärbung; schön unter lichten Gehölzen, auch für Steingärten.

STAUDEN 49

Römische Kamille
(Chamaemelum nobile)

↕ 10-20 cm ✤ 6-7 ○ ☞

Wuchs: Mattenbildend, fein geschlitztes, nach Apfel duftendes Laub.
Blüte: Weiß, gelbe Mitte, margeritenähnlich.
Standort: Durchlässiger, nicht zu nährstoffreicher Boden in sonnig-warmen Lagen.
Pflege: Nach der Blüte Rückschnitt nötig, damit die Pflanzen kompakt bleiben, regelmäßig gießen.
Tipps: Die Sorten wachsen kompakter und blühen länger als die Art; im Duftgarten unentbehrlich, zusammen mit Steinquendel, Duftnessel oder Echter Kamille; schön auch als Randbepflanzung im Staudenbeet.
Sorten: 'Plena': weiße, gefüllte Blüten, kleine Blütenbälle, längere Blütezeit bis in den September, Rückschnitt nach der Blüte; 'Treneague': blüht nicht, schöne Auslese für kompakte Duftrasen im Duftgarten oder zwischen Fugen im Steinbelag.

Schlangenkopf
(Chelone obliqua)

↕ 60-80 cm ✤ 7-9 ○-◐

Wuchs: Buschig, aufrecht, breit-lanzettliche Blätter, am Rand gesägt, stark geadert, verzweigte Stängel, sehr wüchsig.
Blüte: Dunkelrosa, purpur, großblütige Rachenblüten in dichten Ähren.
Standort: Feuchte, nicht zu nährstoffreiche Böden in sonniger Lage, auch für sumpfige und schwere Tonböden.
Pflege: Bodennaher Rückschnitt im Spätherbst, bei Trockenheit gießen, im zeitigen Frühling mit reifem Kompost mulchen.
Tipps: Sehr langlebige Staude, für naturnahe Pflanzungen, z. B. mit Mädchenauge, Montbretie oder Sonnenhut.

Sorte: 'Alba': weiß.

Goldtröpfchen
(Chiastophyllum oppositifolium)

↕ 10-20 cm ✤ 6-7 ◐

Wuchs: Fleischige Rosetten, Blätter rundlich, Stängel in lockeren Büschelchen, graziöses Aussehen.
Blüte: Leuchtend gelb, in überhängenden Rispen.
Standort: Durchlässiger, sandiger Boden, bevorzugt sonnenabgewandte Plätze.
Pflege: Keine besonderen Ansprüche.
Tipps: Sehr zierliche Pflanze für Mauerfugen oder Steingärten, Blüten haben gute Fernwirkung, schön in Nachbarschaft mit niedrigen Glockenblumen, kleinen Seggen *(Carex)*.

Sorte: 'Variegata': gelb blühend, etwas kleiner als die Art, Blätter mit weißem Rand.

Herbst-Chrysantheme
(Chrysanthemum-Indicum-Hybriden)

Goldkörbchen
(Chrysogonum virginianum)

⬆ 50-80 cm ❀ 8-11 ○

⬆ 15-25 cm ❀ 5-9 ○-◐ ☞

Wuchs: Horstig oder schwache Ausläufer bildend, aufrecht, Blätter eingeschnitten oder buchtig, schlaff, derb oder lederartig, meist graugrün.
Blüte: Weiß, gelb, orange, rosa, rot, Blütenkörbchen meist in rispenähnlichen Blütentrauben, einfach oder gefüllt blühend.
Standort: Bevorzugen kalkhaltigen, nährstoffreichen Gartenboden, kommen aber auch mit weniger optimalen Bedingungen zurecht; bei lehmigen, festen Böden besteht Gefahr, dass sie den Winter nur schwer überstehen.
Pflege: Pflanzung nur im Frühjahr, regelmäßige Düngergaben sichern reiche Blüte; Winterschutz erforderlich, z.B. mit abgeschnittenen Stängeln abdecken, nicht jedoch mit Laub abdecken, dies führt zu Ausfällen; für trockenen, luftigen Stand sorgen, Triebe stützen, Verblühtes regelmäßig ausschneiden.
Tipps: Schöne Schnittblume, typische Bauerngartenpflanze, an kältegeschützte Plätze pflanzen, z.B. vor Hausmauern; schöne Kombinationen mit Silberkerzen, Herbst-Anemonen, herbstfärbenden Gehölzen.

Sorten: 'Bronzekuppel': goldbronze, gefüllt; 'Corinna': leuchtend rosa, einfach; 'Fellbacher Wein': leuchtend rot, halbgefüllt; 'Kleiner Bernstein': goldbraun, gefüllt; 'L'Innocence': weiß mit rosa, einfach; 'Mei-Kyo': violettrosa, gefüllt, klein, sehr wüchsig und winterhart; 'White Bouquet': weiß mit beiger Mitte, pomponartig; 'Weiße Nebelrose': weiß, gefüllt, sehr spät blühend.

Wuchs: Auf dem Boden liegende, belaubte Ausläufer, Blätter herz- bis eiförmig, grob gezähnt, rau behaart.
Blüte: Gelbe Blütenköpfchen an verzweigten Stielen, Einzelblüte ähnlich kleiner Zinnie, sehr lange Blütezeit.
Standort: Anspruchslos, jeder normale Gartenboden, bevorzugt feuchte Lagen, verträgt aber auch gut Trockenheit.
Pflege: Stellt keine besonderen Ansprüche.
Tipps: Als Bodendecker verwendbar, auch im Vordergrund sonniger oder halbschattiger Staudenpflanzungen.

September-Silberkerze
(Cimicifuga ramosa)

⬆ 150-180 cm ✿ 9-10 ◐ ☞

Wuchs: Aufrechte Horste mit straffen Blütenstielen, mehrfach zusammengesetzte Blätter, dreiteilig gefiedert, dunkelgrün.
Blüte: Weiß, Blütenstand nur wenig verzweigt, Trauben bis 40 cm lang, leicht überhängend, unangenehm duftend, lange blühend.
Standort: Humus- und nährstoffreiche Gartenböden in frischen, halbschattigen und windgeschützten Lagen.
Pflege: Im Winter bodennaher Rückschnitt, Austrieb vor Spätfrösten schützen.
Tipps: Schön vor dunklen Nadelgehölzen, zusammen mit Eisenhut, Herbst-Anemonen, Glockenblumen, Farnen.

Sorten und weitere Arten: 'Atropurpurea': weiße Blüten, dunkel braunrote Blätter; *C. racemosa:* Blüte im Sommer, 150-180 cm; *C. simplex:* Blüte im Spätherbst, 130-140 cm.

Stauden-Waldrebe
(Clematis jouiniana)

⬆ 180-200 cm ✿ 8-9 ○-◐

Wuchs: Niederliegende, bei Gelegenheit kletternde Triebe, dreiteilige Blätter.
Blüte: Bläulich-weiß, in den Blattachseln.
Standort: Jeder normale, humusreiche Gartenboden, unter Gehölzen, in eher trockenen Lagen.
Pflege: Schnitt nur, wenn die Pflanzen zu groß werden.
Tipps: Robuster Bodendecker unter Gehölzen, in Verbindung mit Zwiebelblumen und früh einziehenden Stauden, die dann überwachsen werden können.

Sorten und weitere Arten: 'Praecox': bläulich-weiß, früh blühend (siehe Foto); *C. integrifolia:* blauviolett, weit geöffnete Blütenglocken; *C. recta:* rahmweiß, duftend, schöne fedrige Samenstände, 120-130 cm hoch, Sorte: 'Purpurea': rotlaubige Form; *C. heracleifolia:* indigoblaue Blüten, aufrechte, oben auseinander fallende Triebe, etwas verholzend, 100-120 cm hoch, Sorte: 'Campanile': leuchtend blau, duftend.

Maiglöckchen
(Convallaria majalis)

⬆ 15-20 cm ✿ 5-6 ◐-● ☞

Wuchs: Ausläufer treibend, große, glatte, dunkelgrüne Blätter.
Blüte: Weiß, duftend, in Trauben an überhängenden Stängeln, nach der Blüte rote Beeren.
Standort: Bevorzugt sandig-lehmige Böden und trockene, beschattete Lagen.
Pflege: Gelegentlich mit reifem Kompost versorgen.
Tipps: Sehr schöner und beliebter Frühlingsblüher, zur Unterpflanzung von Gehölzen, bildet dichte Teppiche; gut kombinierbar mit Farnen, Haselwurz oder anderen konkurrenzstarken Schattenpflanzen; zum Schnitt geeignet; giftig.

Großblütiges Mädchenauge
(Coreopsis grandiflora)

↕ 15–50 cm ❉ 6–9 ◐

Wuchs: Aufrechte, buschige Staude, Blätter ungeteilt-lanzettlich.
Blüte: Goldgelbe Strahlenblüten auf langen, glatten Stielen, die Blütenblätter unregelmäßig eingeschnitten.
Standort: Humus- und nahrstoffreiche, lockere, wasserdurchlässige Gartenböden.
Pflege: Verblühtes ausschneiden, Rückschnitt bodennah im September zur Förderung von Überwinterungsknospen.
Tipps: Schöne Partner sind Rittersporn, Salbei oder Gräser; reich und lange blühend, beliebte Nektarpflanze für Insekten; dankbare Schnittblume.
Sorten: 'Schnittgold': goldgelb, große Blüten; 'Early Sunrise': goldgelb, halbgefüllt, sehr lange blühend; 'Bernwode': gelb mit roter Mitte, Blätter grün mit weißem Rand.

Nadelblättriges Mädchenauge
(Coreopsis verticillata)

↕ 30–60 cm ❉ 5–9 ○ ☞

Wuchs: Buschig, aufrecht, dichtes Wurzelgeflecht mit dünnen Rhizomen, zahlreiche, wenig verzweigte Stängel, Blätter nadelförmig, zierlich.
Blüte: Gelb, Stahlenblüten endständig am Stängel sitzend.
Standort: Humusreiche, lockere, lehmige Böden.
Pflege: Anspruchslos, bodennaher Rückschnitt im Herbst.
Tipps: Blüht fast den gesamten Sommer lang, daher sehr wertvoll; schöne Partner sind Salbei und größere Storchschnabel-Arten.

Sorten: 'Grandiflora': goldgelb, reich und lang blühend; 'Zagreb': gelb, niedrigere Form (siehe Foto); 'Moonbeam': hellgelb, kompakter Wuchs.

Riesenschleierkraut, Meerkohl
(Crambe cordifolia)

↕ 150–180 cm ❉ 7–8 ○

Wuchs: Riesige Pflanzen mit dicken Stängeln, graugrüne, rundlich-herzförmige Blätter, nach der Samenreife vergilbend.
Blüte: Weiß, duftend, in großen, blattlosen Rispen.
Standort: Tiefgründige, nährstoffreiche, kalkhaltige Böden in warmen Lagen.
Pflege: Staunässe vermeiden, bei schwerem Boden Drainage einarbeiten.
Tipps: Schöner Solitär mit großem Platzanspruch, passt gut zu Rosen, aber auch zu Spornblume, Lein, Schönaster.

Weitere Art: *C. maritima:* weiß blühend, Zier- und Nutzpflanze, gebleichte Austriebe zum Verzehr geeignet, erreicht nur 30–70 cm Höhe, blaugraue Blätter, schöne Pflanze für den Küchengarten in sandigen Böden.

Rittersporn
(Delphinium-Elatum-Hybriden)

↕ 140–180 cm ❋ 6-7/9-10 ○

Wuchs: Hochwüchsige Stauden, üppige Horste bildend, Blätter handförmig gelappt.
Blüte: Blau, auch weiße Sorten, Auge weiß oder schwarz, gespornt, an dichten Blütentrauben, Nachblüte im Herbst.
Standort: Lehmig-humoser, sehr nährstoffreicher Gartenboden, gleichbleibend frisch in vollsonniger Lage.
Pflege: Austrieb vor Schneckenfraß schützen, bodennaher Rückschnitt nach der Blüte, dann folgt zweiter Flor im Herbst, nach Rückschnitt Pflanzen gut mit Wasser und Nährstoffen versorgen, lange Triebe stützen.
Tipps: Sehr langlebige und prachtvolle Solitärstaude für Rabatten, im Bauerngarten, besonders schön zu Rosen, Margeriten, Lilien, wichtiger blauer Farbträger im Beet, gute Schnittblume.

Sorten: 'Augenweide': hellblau, weißes Auge, neue Sorte, mehltauresistent, sehr gute Schnittblume; 'Alpenbote': dunkelblau, weißes Auge; 'Berghimmel': himmelblau, weißes Auge, kleinblumig, sehr wüchsig; 'Finsteraarhorn': tiefblau, schwarzes Auge, klassische, wertvolle Sorte; 'Jubelruf': himmelblau, weißes Auge, halbgefüllt; 'Lanzenträger': enzianblau, weißes Auge, lange Blütenrispen, gut standfest; 'Morgentau': hellblau, dunkles Auge, rosa Hauch, großblütig; 'Ouvertüre': mittelblau mit rosa, reich blühend, sehr früh blühend; 'Tempelgong': dunkelblauviolett, dunkles Auge, gefüllt blühend, sehr vital, gut remontierend; 'Waldenburg': tief dunkelblau, dunkles Auge, sehr wüchsige und vitale neuere Sorte, sehr standfest.

Weitere Arten: <u>D.-Belladonna-Hybriden:</u> im Aufbau lockerer und kleiner, Höhe 70–100 cm, fein geschlitztes Laub, Blütenstand verzweigt, sehr blühfreudig, Sorten: 'Atlantis': dunkelblau, gute Schnittblume; 'Casa Blanca': schneeweiß; 'Kleine Nachtmusik': dunkellila; 'Piccolo': enzianblau, weißes Auge; <u>D.-Pacific-Hybriden:</u> Aus Samen gezogene Gruppe, Farben der Sorten variieren dadurch etwas, besonders große Einzelblüten, sehr gute Schnittblumen, Höhe bis ca. 180 cm, Sorten: 'Astolat': lilarosa; 'Black Knight': dunkelviolett, schwarzes Auge; 'Blue Bird': mittelblau, weißes Auge; 'Galahad': weiß.

Pfingst-Nelke
(Dianthus-Gratianopolitanus-Hybriden)

↕ 10–35 cm ❋ 5-7 ○

Wuchs: Dichtgrasige, blaugrüne bis blaugraue Polster, Blätter grasartig
Blüte: Rosa, rot, weiß, Blüten mit scharf gesägten Rändern, viele Sorten, verbreiten typisch würzigen Nelkenduft.
Standort: Durchlässige, kalkreiche, nicht zu nährstoffreiche Böden in warmen, vollsonnigen Lagen.
Pflege: Luftiger Stand verringert Krankheitsanfälligkeit, im Winter vor Kaninchen- und Hasenfraß schützen.
Tipps: Sehr gute Pflanze für Trockenmauern und Steingärten sowie zur Beeteinfassung, bildet dichte Bestände, Blätter auch ohne Blüten wegen der schönen Farbwirkung zierend.

Sorten: 'Badenia': scharlachrot; 'Blaureif': rosa, auf silberblauem Polster; 'Eydangeri': karminrosa, bildet sehr dichte, große Polster; 'Nordstjernen': rosarot, dichte Polster bildend, sehr widerstandsfähig; 'Ohrid': reinweiß, halbgefüllt, kompakter Wuchs.

Feder-Nelke
(Dianthus-Plumarius-Hybriden)

↕ 10-35 cm ✲ 5-7 ○

Wuchs: Bildet dichtrasige, wintergrüne Polster, am Grunde leicht verholzend, Blätter blaugrün, spitz.
Blüte: Weiß, rosa, intensiv duftend, stark gefranst, fedrig zerschlitzt, gefüllte und einfache Sorten.
Standort: Leichter, durchlässiger, nahrhafter Boden, warme, sonnige Lagen.
Pflege: Regelmäßiger leichter Rückschnitt fördert kompakten Wuchs; vor Winternässe schützen.
Tipps: Blüten eignen sich sehr gut zum Schnitt, schöne Polster- und Einfassungsstaude, Blätter auch ohne Blüten zierend.

Sorten: 'Alba Plena': weiß gefüllt; 'Ine': weiß mit rotem Ring, gefüllt; 'Maggie': dunkelrosa, gefüllt; 'Munot': leuchtend rot, gefüllt.

Zwerg-Herzblume
(Dicentra eximia)

↕ 25-30 cm ✲ 5-7 ◐

Wuchs: Kriechende Rhizome, farnartige, dreiteilige Blätter, graugrün, wüchsig.
Blüte: Rosenrot, herzförmig, zwischen den Blättern hängend.
Standort: Anspruchslos, bevorzugt gut humose Erde in überwiegend halbschattiger, nicht zu trockener Lage.
Pflege: Keine besonderen Ansprüche, schlecht durchlüfteter, staunasser Boden muss verbessert werden.
Tipps: Wirkt gut in natürlichen Pflanzungen zusammen mit Elfenblumen, Primeln, Akeleien, Gräsern und Farnen.

Sorten und weitere Arten: 'Alba': weiß; *D. formosa*: farnartige, hellgrüne Blätter, unterseits bläulich, Blüten rosa, die Blätter überragend, Blütezeit: Juli bis August, 20-25 cm; Sorten: 'Paramount': dunkelrosa, sehr robust; 'Stuart Boothman': altrosa, blaugraue Blätter harmonieren sehr schön mit den Blüten, für durchlässige, humose Böden.

Tränendes Herz, Herzblume
(Dicentra spectabilis)

↕ 70-80 cm ✲ 5-6 ○-◐

Wuchs: Grazil, leicht bogig überhängende Triebe, Blätter blaugrün, stark geschlitzt, Pflanze zieht bereits im Hochsommer nach der Blüte wieder ein.
Blüte: Rosa, herzförmig mit anhängender weißer »Träne«, in langen Reihen über den Blättern angeordnet.
Standort: Bevorzugt lockerhumosen, nährstoffreichen Boden.
Pflege: Blattwerk erst nach dem Vergilben abschneiden.
Tipps: Sehr ausdauernde und langlebige Staude; wegen des frühen Einziehens auf entsprechende Benachbarung achten, die die unschönen gelben Blätter verdecken, z. B. Funkien; sehr beliebte Bauerngartenpflanze, gute Schnittblume, für Frühlingsgärten mit Tulpen, Kaukasus-Vergissmeinnicht oder Veilchen kombinieren.

Sorten: 'Alba': weiß, schwachwüchsiger.

Großblütiger Fingerhut
(Digitalis grandiflora)

↕ 60-80 cm ✿ 6-8 ◐ ☞

Wuchs: Bildet aufrechte Horste, Blätter lanzettlich, unregelmäßig gesägt.
Blüte: Blaßgelb, große Blütenglocken, Traube zunächst gedrungen, mit dem Aufblühen lockerblütiger.
Standort: Anspruchslos, verträgt keine Staunässe oder Trockenheit, liebt warme Lagen.
Pflege: Abgeblühtes entfernen, wenn keine Selbstaussaat erwünscht; Blätter beim Gießen möglichst nicht benetzen, Mehltaugefahr, Boden bei Bedarf mit Kompost anreichern.
Tipps: Für naturnahe Pflanzungen im Garten, zusammen mit Herzblume, Gämswurz und Schatten liebenden Gräsern; giftig! Im Handel wird diese Art auch als *D. ambigua* geführt.

Roter Fingerhut
(Digitalis purpurea)

↕ 80-150 cm ✿ 6-7 ◐ ☞

Wuchs: Bildet hohe Horste mit aufrechten Trieben und lang gestielten, eiförmig-lanzettlichen Blättern; zweijährig, verbreitet sich durch Selbstaussaat.
Blüte: Hellpurpur, innen dunkel gefleckt, in röhrenförmigen Glocken.
Standort: Bevorzugt kalkarme Böden in trockenen Lagen.
Pflege: Rückschnitt nach der Blüte verlängert die Lebensdauer; Sämlinge stehen lassen, bei Bedarf vereinzeln.
Tipps: Für naturnahe Pflanzungen, schön als Partner von Frauenmantel; Indianernesseln, Wild-Rosen oder Storchenschnabel; Blüten für den Schnitt geeignet; giftige Heilpflanze.

Sorten: 'Alba': weiß, 80-100 cm hoch; 'Sutton's Apricot': lachsrosa, große Blüten, 100-120 cm hoch, 'Excelsior': weiß, rosa, rot, großblütige Farbmischung, 120-150 cm hoch; 'Gloxiniaeflora': Farbmischung mit großen purpur-weiß gefleckten Blüten, 80-100 cm hoch.

Gämswurz
(Doronicum orientale)

↕ 25-50 cm ✿ 4-5 ○

Wuchs: Kriechender, fleischiger Wurzelstock, Grundblätter breit-herzförmig, hellgrün, Stängelblätter den Stängel umfassend.
Blüte: Gelb, leuchtende Strahlenblüten.
Standort: Durchlässige, sandig-humose, relativ nährstoffreiche Böden in vollsonniger Lage.
Pflege: Abgeblühtes regelmäßig entfernen, um die Blütezeit zu verlängern, während der Wachstumsperiode reichlich gießen, Rückschnitt nach der Blüte.
Tipps: Früheste Schnittblume im Garten, schön zu Kaukasus-Vergissmeinnicht, Herzblume, Schachbrettblume und Tulpen.

Sorten: 'Little Leo': goldgelb, kompakte Zwergsorte; 'Magnificum': gelb, großblütig.

Trugerdbeere
(Duchesnea indica)

↑ 5–10 cm ❋ 5–6 ◐–● ☞

Wuchs: Bildet starke Ausläufer, kriechender Wuchs, ähnlich der Wald-Erdbeere.
Blüte: Gelb, rote, erdbeerähnliche Früchte mit fadem Geschmack.
Standort: Humusreicher, lockerer Boden bevorzugt.
Pflege: Winterschutz mit Reisig; wenn sich die Pflanzen zu stark ausbreiten, mit dem Spaten abstechen.
Tipps: Guter, dichter Bodendecker unter Sträuchern, konkurrenzstark.

Ähnliche Art: Wald-Erdbeere *(Fragaria vesca)*, siehe Seite 61.

Roter Sonnenhut
(Echinacea purpurea)

↑ 70–100 cm ❋ 8–9 ○ ☞

Wuchs: Aufrecht, wenig verzweigt, steif, Blätter lang gestielt, eiförmig, lang zugespitzt, rau behaart.
Blüte: Weinrot, Strahlenblüten bis ca. 12 cm Durchmesser mit braungrüner, stacheliger Mitte.
Standort: Nährstoffreiche, durchlässige Böden in sonnig-warmer Lage.
Pflege: Abgeblühtes ausschneiden, dies fördert den Ansatz neuer Blüten, Samenstände den Winter über als Schmuck stehen lassen, Boden regelmäßig mit Kompost anreichern.
Tipps: Wunderbarer Begleiter zu Rosen, Fetthenne, Mädchenauge, Sonnenbraut; Blüten für den Schnitt, zierende Samenstände.

Sorten: 'Alba': weiß, ca. 70 cm hoch, schwachwüchsiger als die Art; 'Magnus': karminrot, farbintensive Blüten, 80–100 cm hoch.

Kugeldistel
(Echinops ritro)

↑ 80–100 cm ❋ 7–9 ○ ☞

Wuchs: Distelartig, aufrecht wachsend, Blätter kurz und dünn bedornt, oberseits graugün, unterseits silbrig, graufilzig.
Blüte: Blau, kugelige, stachelige Köpfe, schon vor dem eigentlichen Erblühen voll ausgefärbt.
Standort: Gedeiht in jedem Gartenboden, bevorzugt trockene, sonnig-heiße Lagen.
Pflege: Abgeblühtes entfernen, um Selbstaussaat zu verhindern.
Tipps: Für Rabatten in vollsonniger Lage, zusammen mit Schafgarbe, Alant, hohen Gräsern; Blüten zum Trocknen vor dem Erblühen schneiden.

Sorten und weitere Arten: 'Veitch's Blue': leuchtend stahlblau, reich blühend, remontierend, Schnittblume; *E. sphaerocephalus* 'Arctic Glow': weiß, rote Stängel, silbrig-grünes Laub, 70–80 cm hoch.

STAUDEN 57

Elfenblume
(Epimedium pinnatum subsp. *colchicum)*

↑ 20-35 cm ❋ 4-5 ◐-● ☞

Wuchs: Kriechende, dichte Wurzelstöcke, Blätter 3- bis 5-teilig mit spitzeiförmigen Teilblättchen, dunkelgrün, derb, immergrün.
Blüte: Gelb, gespornt, in zierlichen, lockeren Rispen.
Standort: Humoser, durchlässiger Boden in mäßig feuchten Lagen.
Pflege: Anspruchslos, am besten sich selbst überlassen; unschönes Laub nach dem Winter bodennah zurückschneiden.
Tipps: Sehr wertvoller Bodendecker unter lichten Gehölzen mit hübschem Laub, die anmutigen Blüten geben der Pflanze den deutschen Namen; schön z. B. mit Farnen, Schatten liebenden Gräsern, Funkien, Schaublatt oder Kaukasus-Vergissmeinnicht.

Weitere Arten: *E. alpinum:* 30-40 cm hoch, kleine, rot-gelbe Blütchen, durch lange Rhizome sich stark ausbreitend; *E. grandiflorum:* 15-30 cm hoch, Blüten weiß, lang gespornt, groß, Sorten: 'Elfenkönigin': rahmweiß, sehr wüchsig; 'Lilafee': purpurviolett, reich blühend (siehe Foto rechts); 'Rose Queen': rosa, besonders groß- und reich blühend; *E. pubigerum:* 20-50 cm hoch, kleine, rahmweiße Blüten, Laub wintergrün, lederartig; *E.* × *rubrum:* 30-40 cm hoch, kräftiger, kompakter Wuchs, leuchtend rote Blüten, bis über 2 cm groß, Blüten vor dem Laubaustrieb; *E.* × *versicolor:* 30-50 cm hoch, Blätter teilweise wintergrün, Austrieb rötlich gefärbt, altrosa-rötliche Blüten, sehr wüchsig und robust, Sorte: 'Sulphureum': schwefelgelb, stark wachsend, Blätter färben sich im Herbst leuchtend braun; *E.* × *warleyense:* 20-50 cm hoch, wintergrün, bräunlich-kupferfarbene Blüten, bildet lockere Matten, Sorte: 'Orangekönigin': lichtorange, wintergrünes Laub, reich blühend, sehr wüchsig; *E.* × *youngianum:* 20-30 cm hoch, weiß blühend, zierlichere, schwachwüchsigere und kleinblütigere Form, wertvolle Sorten, z. B. 'Niveum': reinweiß in lockeren Trauben, 25 cm hoch; 'Roseum': hell-violett-purpur, 20 cm hoch.

Feinstrahl
(Erigeron-Hybriden)

↑ 50-60 cm ❋ 6-8 ○ ☞

Wuchs: Buschig, verzweigt, grundständige Blätter.
Blüte: Violette, blaue, rosa oder weiße feinstrahlige Randblüten mit gelber Mitte, ähnlich den Astern.
Standort: Nährstoffreiche, tiefgründige, nicht zu schwere Böden in sonnig-warmen Lagen.
Pflege: Vor Winternässe mit Drainage im Boden schützen, Triebe stützen, Abgeblühtes regelmäßig entfernen, um die Nachblüte zu fördern, bodennaher Rückschnitt im Spätherbst.
Tipps: Passende Nachbarn im Beet sind Sonnenhut, Indianernessel, Flammenblume; gute Schnittblume, jedoch nur voll aufgeblühte Blüten für die Vase schneiden.

Sorten: 'Adria': blauviolett, halbgefüllt; 'Dunkelste Aller': dunkelviolett; 'Foersters Liebling': rosa; 'Sommerneuschnee': weiß.

Wüsten-Goldaster, Wollblatt
(Eriophyllum lanatum)

↕ 15-30 cm ✿ 6-8 ○ ☞

Wuchs: Locker-buschig, wollig behaart, niederliegende, verzweigte Stängel, Blätter graugrün.
Blüte: Leuchtend gelb, margeritenähnlich, bis ca. 4 cm breit.
Standort: Verlangt durchlässigen, sandigen oder steinigen Boden in voller Sonne.
Pflege: Sehr anspruchslos, bei schwerem Boden Schutz vor Winternässe durch entsprechende Drainage oder die Pflanzen locker mit Reisig abdecken.
Tipps: Schön zusammen mit anderen grau- oder weißlaubigen Partnern, z. B. Flockenblume, Steinquendel, Spornblume, Blau-Schwingel; auch für Steingärten.

Edeldistel, Mannstreu
(Eryngium planum)

↕ 80-100 cm ✿ 6-9 ○

Wuchs: Distelartige Staude mit straff aufrechten Stängeln, Grundblätter herzförmig, ledrig-derb, glänzend.
Blüte: Blau, in kugeligen Blütenständen, umrahmt von stark zerteilten, stacheligen Hüllblättern.
Standort: Durchlässiger und tiefgründiger Boden in sonnig-heißer, trockener Lage.
Pflege: Schutz vor Winternässe und Schnecken.
Tipps: Schöne Kombinationen mit gelb oder weiß blühenden Partnern, z. B. Schafgarbe, Edelraute, Salbei oder Gräsern; wertvolle Schnittblume, zum Trocknen geeignet; Schmetterlingsmagnet; schöne winterliche Zierde.

Sorten und weitere Arten:
'Blauer Zwerg': blau, locker verzweigt, 70 cm hoch; *E. alpinum*: stahlblau, kegelförmige Blütenstände, 70 cm hoch, schöne Strukturpflanze.

Schöterich, Goldlack
(Erysimum pulchellum)

↕ 15-20 cm ✿ 5-6 ○

Wuchs: Buschig wachsend, linealische Blätter, wintergrün.
Blüte: Gelb, von großer Leuchtkraft, bedecken die grünen Polster vollständig, nach der Blüte vielsamige Schoten.
Standort: Karger, mäßig nährstoffreicher, leicht kalkhaltiger, durchlässiger Boden in vollsonniger Lage.
Pflege: Rückschnitt nach der Blüte, um kompakten Wuchs zu fördern.
Tipps: Schön zu anderen kräftig blühenden Frühlingsblühern, z. B. Primeln, Tulpen; eignet sich auch für den Topfgarten.

Sorten und weitere Arten:
'Gelbe Flamme': kanariengelb, dichte, wintergrüne Polster, 10 cm hoch; *E.*-Hybride 'Bowles Mauve': bis 1 m hohe, verholzende Staude, blaugrünes Laub, violette Blüten.

STAUDEN 59

Wasserdost
(Eupatorium maculatum)

↕ 130-200 cm ❀ 7-9 ○-◐

Wuchs: Buschig, sehr hoch und breit wachsend, Blätter quirlig um den rötlich gefleckten Stängel angeordnet, lanzettlich bis oval.
Blüte: Purpur oder weiß, in doldenartigen Blütenrispen.
Standort: Liebt humose, lehmige, nährstoffreiche Böden mit ausreichender Feuchtigkeit.
Pflege: Abgeblühtes regelmäßig entfernen, bodennaher Rückschnitt im Spätherbst.
Tipps: Wirkt besonders schön in Verbindung mit Wasser; guter Partner anderer spät blühender Stauden, z. B. Herbst-Eisenhut; gute Schnittblume.

Sorten und weitere Arten:
'Album': weiß; 'Atropurpureum': tief weinrot, auffallend purpurrote Stängel, 200 cm hoch (siehe Foto); 'Augustrubin': weinrot, besonders standfest, nur 130 cm hoch; *E. rugosum* 'Chocolate': weiße Blüten im Kontrast zu rotbraunen Blättern, 100 cm hoch.

Zypressen-Wolfsmilch
(Euphorbia cyparissias)

↕ 20-40 cm ❀ 6-7 ○-◐

Wuchs: Bildet starke Ausläufer, nadelförmiges, blaugrünes Laub.
Blüte: Sehr klein mit gelben, teilweise rötlich getönten Hochblättern in endständigen Trugdolden.
Standort: Für kalkhaltigen, sandigen, nährstoffarmen Boden in trockenen Lagen.
Pflege: Bei zu starker Verbreitung Ausläufer mit dem Spaten abstechen.
Tipps: Eignet sich vor allem für große Naturgärten in wiesenartigen Pflanzungen oder im Steingarten.

Sorten und weitere Arten:
'Fens Ruby': gelbe Blüten im Kontrast zu roten Blättern; *E. amygdaloides*: 50 cm hoch, bevorzugt schattigeren und feuchteren Standort, im Winter dunkelrot verfärbte Triebe, vor Wintersonne schützen.

Himalaja-Wolfsmilch
(Euphorbia griffithii)

↕ 80-90 cm ❀ 5-6 ○

Wuchs: Leicht Ausläufer treibend, straff aufrechte Triebe, Blätter lanzettlich mit roter Mittelrippe.
Blüte: Sehr klein mit orangerot getönten Hochblättern, in endständigen Trugdolden.
Standort: Nährstoffreicher, locker-humoser Boden mit ausreichend Feuchtigkeit.
Pflege: In den ersten Jahren nach der Pflanzung mit einer lockeren Mulchschicht vor Frostschäden schützen, Rückschnitt nach dem Winter.
Tipps: Schöner Blickfang, sehr dankbare Staude, schön zusammen mit Katzenminze, Junkerlilie, Lilien.

Sorte: 'Fire Glow': orangerote Blüten im Kontrast zu dunkelgrünem Laub, Laub färbt sich im Herbst orangerot.

Walzen-Wolfsmilch
(Euphorbia myrsinites)

⬆ 10-20 cm ❋ 5-6 ○

Wuchs: Niederliegende, walzenförmige Stängel, Blätter fleischig, blaugrün bereift, wintergrün.
Blüte: Hochblätter grünlich-gelb.
Standort: Lockerer, durchlässiger Boden mit gutem Wasserabzug in warmer Lage.
Pflege: Erst im Frühjahr zurückschneiden, bevor sich die neuen Triebe bilden.
Tipps: Schöne Art für den Steingarten, zusammen mit Blaukissen, Lavendel, Woll-Ziest oder niedrigen Bart-Iris, auch für Steintröge.

Weitere Art: *E. seguieriana* subsp. *niciciana*: buschiger, halbkugeliger Wuchs, zitronengelbe Blüten und schmale, blaugraue Blätter, horstig wachsend, nicht wuchernd, 60 cm hoch.

Gold-Wolfsmilch
(Euphorbia polychroma)

⬆ 30-40 cm ❋ 5-6 ○

Wuchs: Buschig, vieltriebiger Wurzelstock, aufrecht, weichzottig behaart, Blätter länglich, stumpf, schöne orangefarbene bis rötliche Herbstfärbung.
Blüte: Winzig, grünlich-gelbe Hochblätter, in Trugdolden
Standort: Kalkreiche, lockere, durchlässige Böden in trockener, warmer Lage.
Pflege: Bodennaher Rückschnitt im Spätherbst.
Tipps: Schöner Begleiter zu diversen Frühlingsblühern, z. B. Tulpen, Zwerg-Iris, Traubenhyazinthen.

Sorten und weitere Arten: 'Purpurea': gelbe Blüte, rötliches Laub; 'Variegata': gelbe Blüte, weißbuntes Laub; *E. × martinii*: stattlich-breitbuschiger Wuchs, reich verzweigt, hellgrüne Blüten, rötliches Laub, 50-80 cm hoch.

Mädesüß
(Filipendula rubra)

⬆ 80-150 cm ❋ 6-8 ○-◐

Wuchs: Aufrecht wachsend, Blätter glatt, dunkelgrün.
Blüte: Dunkelrosa-karminrot, in großen Trugdolden, stark duftend.
Standort: Lehmiger, nährstoffreicher, nicht leicht austrocknender Boden.
Pflege: In Trockenzeiten wässern, bodennaher Rückschnitt im Spätherbst.
Tipps: Imposante Solitärstaude an Teichrändern und Bachläufen, schön in Kombination mit anderen Feuchtigkeit liebenden Stauden, z. B. Sumpf-Schwertlilie, Blut-Weiderich.

Sorten und weitere Arten: 'Venusta': 150 cm hoch, rosarote, kräftige gefärbte Blüten, tief gelappte Blätter, attraktive Fruchtstände (siehe Foto); *F. ulmaria*: 80-100 cm hoch, weiße Blüten, gefiederte Blätter, Sorte 'Plena': mit gefüllten Blüten; *F. vulgaris*: für trockene, lehmige Standorte, 40 cm hoch, weiße Blüten, fein gefiederte Blattrosetten, Sorte 'Plena' (= 'Multiplex'): mit gefüllten Blüten.

STAUDEN 61

Wald-Erdbeere
(Fragaria vesca)

⬆ 10-15 cm ❋ 6-9 ○

Wuchs: Bildet zahlreiche Ausläufer, Blätter dreiteilig, dunkelgrün.
Blüte: Weiß, reichblütig, auch gefüllt blühende Sorten, mit 5 Blütenblättern, nach der Blüte zahlreiche rote, sehr schmackhafte Früchte.
Standort: Nährstoffreiche, lockerhumose bis lehmig-sandige Böden in warmen Lagen.
Pflege: Bei rauem Klima im Winter mit einer dünnen Laubschicht abdecken.
Tipps: Nicht nur der leckeren Früchte wegen ein dankbarer Bodendecker, bevorzugt großflächig verwenden; gedeiht auch in Kästen und Kübeln.

Sorten und weitere Arten:
'Plena': gefüllte Blüten, weniger Früchte, dafür mehr Ausläufer; *F.* × *ananassa* 'Lipstick': rosa Blüten, kaum fruchtende Zierform mit dekorativen, schalenförmigen Blüten, lange Blütezeit von April bis August, 10-15 cm hoch.

Scharlach-Fuchsie
(Fuchsia magellanica)

⬆ 60-80 cm ❋ 7-10 ◐

Wuchs: Schöne große Büsche bildend, aufrecht, ähnlich den nicht winterharten Arten für den Topfgarten.
Blüte: Rot, langröhrig, mit 4 Blütenblättern.
Standort: Locker-humoser, nährstoffreicher Boden, in warmen, absonnigen Lagen.
Pflege: In rauen Gebieten Winterschutz mit Laub und Reisig erforderlich; Rückschnitt erst im Frühjahr bis zum Boden; Neupflanzungen nur im Frühjahr.
Tipps: Wirkt besonders harmonisch zusammen mit verschieden gefärbten Funkien, Prachtspieren oder Eisenhut vor lockeren Strauchgruppen.

Sorte: 'Riccartonii': dunkelrote Blüten.

Kokardenblume
(Gaillardia aristata)

⬆ 30-70 cm ❋ 7-9 ○

Wuchs: Buschig wachsend, Blätter graugrün, länglich, behaart.
Blüte: Gelb mit rotem Grund, einfach oder halbgefüllt, sehr großblütig und lange blühend.
Standort: Bevorzugt durchlässigen, sandig-lehmigen, nährstoffreichen Boden in warmen Lagen.
Pflege: Ende September alle Blütentriebe bis kurz über dem Laub abschneiden, sonst Gefahr des »Auswinterns«, Winterschutz mit leichter Reisigdecke.
Tipps: Als Dauerblüher wertvoll, aber leider nicht sehr langlebig; je durchlässiger der Boden, desto länger bleiben sie im Beet erhalten; gute Schnittblume.

Sorten: 'Burgunder': tiefrot, 50 cm; 'Kobold': gelb-rot, 30 cm; 'Tokajer': orange, großblütig, 70 cm.

Gaura, Prachtkerze
(Gaura lindheimeri)

⬆ 60–100 cm ✿ 7–10 ○

Wuchs: Breite Büsche bildend, grasartige Blätter, leicht überhängender Wuchs, elegante Erscheinung.
Blüte: Weiß oder rosa, viele sternförmige Einzelblüten, sehr lange Blütezeit.
Standort: Benötigt durchlässigen, sandige bzw. schotterig-lehmigen Boden in warmen, offenen Lagen.
Pflege: Vor Winternässe schützen, bodennaher Rückschnitt im Spätherbst.
Tipps: Sehr filigran wirkende Staude, wirkt gut in Kombination mit Rosen, hohen Wolfsmilch-Arten, Lilien oder Gräsern.

Sorten: 'Corrie's Gold': 60 cm hoch, weiß blühend, Blätter mit weißgelbem Rand; 'Siskiyou Pink': 60 cm hoch, zart rosarote Blüten, Winterschutz erforderlich; 'Whirling Butterflies': 60 cm hoch, weiß blühend, kompakte, groß und reich blühende Sorte.

Schwalbenwurz-Enzian
(Gentiana asclepiadea)

⬆ 40–50 cm ✿ 7–9 ○-◐

Wuchs: Aufrechte Horste, leicht bogig überhängend, Stängel dicht beblättert, Blätter eiförmig-lanzettlich, zugespitzt.
Blüte: Dunkelblau, hellblau, rosa, weiß, glockenförmig, einzeln oder zu mehreren in den Blattachseln sitzend.
Standort: Für nährstoffreiche, feuchte Böden in frischen Lagen.
Pflege: Bei Trockenheit wässern; nicht verpflanzen; nach der Pflanzung den Boden feucht halten.
Tipps: Heimische Gebirgswaldstaude, eignet sich gut für natürliche Pflanzungen mit Farnen oder Geißbart im Schutz von lichten Gehölzen.

Weitere Art: *G. septemfida* var. *lagodechiana*: 20–30 cm hoch, blau blühend, großblütig, lange Blütezeit, für kalkreichen, durchlässigen Boden.

Felsen-Storchschnabel
(Geranium cinereum)

⬆ 10–15 cm ✿ 6–10 ○-◐ ☞

Wuchs: Kleine buschige Staude, Blätter tief eingeschnitten, 5–7-lappig.
Blüte: Blassrosa mit dunkelroten Adern, zu zweit an den Stängeln.
Standort: Durchlässiger, kalkhaltiger Boden in sonnig-warmen Lagen.
Pflege: Anspruchslos, bodennaher Rückschnitt im Spätherbst.
Tipps: Eignet sich gut für den Steingarten in Kombination mit niedrigen Glockenblumen-Arten, Katzenminze oder Steinquendel sowie zur Bepflanzung von Gefäßen.

Sorten und weitere Arten: 'Ballerina': lilarosa Blüten, sehr lange Blütezeit von Juni bis Oktober; *G.* × *cantabrigiense* 'Biokovo': 20 cm hoch, zartrosa Blüten, immergrün, duftendes Laub, wertvoller Bodendecker; *G. dalmaticum*: 10 cm hoch, rosa Blüten, bildet dichte Teppiche, schöne Herbstfärbung.

Pyrenäen-Storchschnabel
(Geranium endressii)

↕ 30-40 cm ❋ 6-8 ☉-◐ ☞

Wuchs: Kriechende Rhizome und lange, niederliegende Triebe, große Blätter, tief eingeschnitten, in wintermilden Lagen immergrün.
Blüte: Rosa, ohne dunkle Adern, üppig und lange blühend.
Standort: Nährstoffreiche, lockerhumose bis lehmig-sandige Böden, bevorzugt feuchte Lagen, verträgt auch Trockenheit und Wurzeldruck.
Pflege: Totaler Rückschnitt nach der Blüte lässt die Pflanzen kompakter wachsen, fördert die Nachblüte und verhindert Versamung.
Tipps: Bodendecker für große Flächen oder wiesenartige Pflanzungen, zusammen mit anderen konkurrenzstarken Storchschnabel-Arten.
Sorten: 'Claridge Druce': pink, im Verblühen heller werdend (siehe Foto); 'Rosenlicht': leuchtend rosa; 'Wargrave Pink': dunkelrosa.

Himalaja-Storchschnabel
(Geranium himalayense)

↕ 30-40 cm ❋ 4-6 ☉-◐ ☞

Wuchs: Kurze Rhizome, flächig wachsend, Blätter lang gestielt, tief in fünf Abschnitte zerteilt, schöne Herbstfärbung, grazile Erscheinung.
Blüte: Blau, zart violett, großblütig.
Standort: Durchlässige, humose, sandig-lehmige und nährstoffreiche Böden, zeitweise Trockenheit vertragend.
Pflege: Rückschnitt nach der Blüte, dann folgt zweite Blüte im Herbst.
Tipps: Sehr schöner Storchschnabel sowohl für flächige Pflanzungen als auch in Rabatten, z. B. zu Rosen, Pfingstrosen, Glockenblumen.
Sorten: 'Graveteye': tiefblau mit rötlicher Mitte und roten Adern, sehr kompakte, standfeste Sorte, gut remontierend; 'Plenum': violett, gefüllt, langsamer im Wuchs und etwas kleiner bleibend.

Balkan-Storchschnabel
(Geranium macrorrhizum)

↕ 20-40 cm ❋ 5-7 ☉-◐ ☞

Wuchs: Dichtbuschig, kriechende Rhizome und aufrechte Triebe, Blätter unregelmäßig eingeschnitten, duftend, ältere Blätter färben sich im Herbst leuchtend rot.
Blüte: Weiß, purpurrot, nickende Blüten mit lang gestielten Staubgefäßen.
Standort: Alle nicht zu nährstoffreichen und trockenen Böden.
Pflege: Anspruchslos, wenn sich die Pflanzen zu stark ausbreiten, dann Triebe mit dem Spaten abstechen.
Tipps: Sehr wüchsig und vital, sehr guter Bodendecker für flächige Verwendung, auch in Kombination mit anderen Storchschnabel-Arten; gut zur Unterpflanzung von lichten Gehölzen.
Sorten: 'Czakor': karmin-purpur, 20-30 cm hoch, wintergrün; 'Ingwersen's Variety': zartrosa, 30 cm, wintergrün; 'Spessart': weiß, rosa Blütenkelch, 30 cm; 'Witoscha': purpurrot, wintergrün, 30 cm.

Pracht-Storchschnabel
(*Geranium × magnificum*)

⬆ 40–60 cm ❋ 5–7 ◐–◑ ☞

Wuchs: Bildet kugelige Horste, weichzottig behaarte, dunkelgrüne Blätter, im Herbst rötlich verfärbend.
Blüte: Blauviolett, große Einzelblüten, reich blühend.
Standort: Relativ nährstoffreiche, sandig-lehmig bis lehmige Böden an offenen Plätzen.
Pflege: Nach der Blüte kompletter Rückschnitt, dann folgen erneuter kompakter Aufbau und eine Nachblüte.
Tipps: Sehr vielseitig zu verwenden, in der Staudenrabatte mit Frauenmantel und Pfingstrosen, schön auch zu Rosen oder in naturnahen Pflanzungen am Gehölzrand; wegen der langen Triebe nicht sehr standfest, fällt auseinander.

Sorte: 'Rosemoor': violettblau, standfest, 40 cm hoch.

Grauer Storchschnabel
(*Geranium renardii*)

⬆ 25–30 cm ❋ 6–8 ◐–◑ ☞

Wuchs: Dichte Horste bildend, nierenförmige Blätter, samtig, mit krepppartigem Adernetz, wintergrün.
Blüte: Weiß, rosa oder violett, purpurviolett geadert.
Standort: Mäßig nährstoffreiche, steinige Böden in trocken-warmer Lage.
Pflege: Anspruchslos, welkes Laub bei Bedarf entfernen.
Tipps: Wertvoll für trockene Gartenbereiche vor Gehölzen, zusammen mit anderen Storchschnabel-Arten oder auch für sich allein, auch für Steinanlagen und den Topfgarten; sehr langlebig.

Sorten und weitere Arten: 'Tchelda': hellviolett, kräftig violett geadert; *G.*-Renardii-Hybride 'Philippe Vapelle': violett-rosa, Blüten relativ groß, dunkel geadert, 30–40 cm hoch.

Blut-Storchschnabel
(*Geranium sanguineum*)

⬆ 15–40 cm ❋ 6–8 ◐–◑ ☞

Wuchs: Dünne, niederliegende, verzweigte Triebe, Blätter tief eingeschnitten, bis 5 cm breit, im Herbst rötlich-braun verfärbend.
Blüte: Magenta bis leuchtend karminrote Schalenblüten, auch weiß und zart rosa blühende Sorten.
Standort: Für locker-humose, lehmige Böden in warmen Lagen.
Pflege: Keine besonderen Ansprüche.
Tipps: Zur Begrünung von Gebüschrändern und Böschungen, aber auch in gemischten Rabatten, als Partner von Steinsame, Glockenblumen, Ehrenpreis.

Weitere Arten uns Sorten: 'Album': weiß, 30 cm; 'Apfelblüte': zartrosa, 20 cm, rote Herbstfärbung; 'Elsbeth': karminrosa, 30–40 cm, großblütig, lange blühend, schöne Herbstfärbung; 'Max Frei': leuchtend rot, 15 cm, auch für den Topfgarten; *G.*-Sanguineum-Hybride 'Tiny Monster': purpurrot, 50 cm, sehr wüchsig, Dauerblüher mit samtigen Blüten.

Nelkenwurz
(Geum coccineum)

⬆ 20–30 cm ✿ 5–7 ◐-◑

Wuchs: Bildet niedrige Blattrosetten, Blätter gefiedert, kurz behaart, Stängel aufrecht.
Blüte: Ziegelrote oder orangefarbene, große Schalenblüten.
Standort: Liebt locker-humose, frisch-feuchte Böden, verträgt auch Trockenheit.
Pflege: Abgeblühtes entfernen, um die Nachblüte anzuregen; vor Staunässe im Winter schützen.
Tipps: Schön vor lockeren Strauchpartien, zusammen mit Waldsteinien, Glockenblumen oder Kaukasus-Vergissmeinnicht; gute Schnittblume.

Sorten und weitere Arten: 'Borisii': orangerot, reich blühend, gut remontierend (siehe Foto); *G. rivale:* heimische Wildstaude auf feuchten Wiesen und Bachläufen, im Garten an Teichrändern, 20–40 cm hoch, rosa-gelbliche, nickende Blüten, Sorten: 'Bachelfe': weiß, 20–30 cm; 'Leonard': kupfrigrot, 20–30 cm; 'Lionel Cox': cremegelb, 20–30 cm.

Dreiblattspiere
(Gillenia trifoliata)

⬆ 60–80 cm ✿ 6–7 ◑-● ☞

Wuchs: Buschig, aufrecht, grazile, dreiteilige Blätter, lanzettlich, gesägt, rötlich gefärbte Stängel, orange Herbstfärbung.
Blüte: Weiß mit rötlichem Kelch, in endständigen, lockeren Rispen.
Standort: Lockere, humusreiche, kalkarme Böden, möglichst frisch.
Pflege: Bodennaher Rückschnitt vor dem Winter, Boden mit Heideerde, Rhododendronerde oder Torfmull anreichern, um ihn anzusäuern.
Tipps: Zwischen lichte Sträucher oder davor pflanzen, schön als Partner von Taglilien, Gräsern oder Farnen; braucht einige Jahre bis zur vollen Entwicklung.

Strandflieder
(Goniolimon tataricum,
Syn.: *Statice tataricum)*

⬆ 30–50 cm ✿ 7–9 ○

Wuchs: Lockere Rosetten mit grundständigen Blättern, oberseits dicht gepunktet, lanzettlich mit Stachelspitze.
Blüte: Weiß, an gabelig verzweigten Stängeln.
Standort: Tiefgründiger, durchlässiger, sandig-lehmiger Boden in vollsonniger, warmer Lage.
Pflege: Schweren Boden mit Sand anreichern, vor Winternässe schützen.
Tipps: Für Naturgärten, zusammen mit Schafgarbe, Edeldisteln, Katzenminze, Gräsern; die Blütenstängel sind beliebte Trockenblumen für Gestecke.

Großes bzw. Rispen-Schleierkraut
(Gypsophila paniculata)

↑ 80-100 cm ✽ 7-9 ○

Wuchs: Von Grund auf reich verästelt, kugelige Büsche bildend, Blätter lineal-lanzettlich.
Blüte: Weiß oder rosa, einfach oder gefüllt, kleinblütig, überreich blühend.
Standort: Tiefgründiger, leichter, durchlässiger Boden in sonnig-warmen Lagen.
Pflege: Vor Winternässe schützen, in den Boden bei Bedarf Drainage einarbeiten, Triebe stützen.
Tipps: Beliebte Schnittblume, in Rabatten schön in Kombination mit Rosen, Rittersporn oder Astern.

Sorten und weitere Arten: 'Bristol Fairy': weiß gefüllt, sehr gute Schnittblume; 'Flamingo': rosa, gefüllt; 'Pink Festival': purpurrosa, gefüllt; *G.*-Hybriden: 'Compacta Plena': 30 cm, weiß, gefüllt, reich und lange blühend; 'Jolien': 30 cm, rosa; 'Rosenschleier': 30 cm, zartrosa, gefüllt, sehr robust; 'Rosenwolke': 30 cm, rosa.

Zwerg-Schleierkraut
(Gypsophila repens)

↑ 10-15 cm ✽ 5-8 ○

Wuchs: Kriechend, locker beblättert, Blätter linealisch, spitz, graugrün.
Blüte: Weiß oder rosa, in lockeren, rispigen Trugdolden.
Standort: Lockere, durchlässige, sandig-lehmige Gartenböden in sonnig-warmen Lagen.
Pflege: Vor Winternässe schützen, kompletter Rückschnitt im Herbst.
Tipps: Duftige Staude im Steingarten und für Trockenmauern, schön zu Berg-Aster, niedrigen Storchschnabel-Arten, Schleifenblume; gute Schnittblume für kleine Sträuße.

Sorten: 'Letchworth Rose': 10-15 cm, rosa, starkwüchsig (siehe Foto); 'Rosa Schönheit': 10 cm, dunkelrosa; 'Rosea': 10 cm, zartrosa.

Sonnenbraut
(Helenium-Hybriden)

↑ 80-150 cm ✽ 6-9 ○

Wuchs: Aufrecht wachsend, Stängel im oberen Teil verzweigt, Blätter lanzettlich und am Stängel herablaufend.
Blüte: Rot, gelb, orange, braunrot, kupferfarben, in Doldentrauben stehende Körbchen mit knopfartiger Mitte, gute Bienenweide.
Standort: Lehmiger oder lehmig-humoser, nährstoffreicher Boden in sonniger, nicht zu trockener Lage.
Pflege: Lange Triebe stützen, Triebe im Mai/Juni einkürzen, um die Standfestigkeit zu erhöhen; bei Trockenheit gießen, regelmäßige Düngergaben vor der Blüte, kompletter Rückschnitt im Spätherbst; nach 4-5 Jahren aufnehmen und teilen, um die Wuchskraft zu erhalten.
Tipps: Schöner Partner zu Rittersporn, Astern, Gräsern, Sonnenhut, Flammenblume; gute Schnittblume.

STAUDEN

Sonnenröschen
(Helianthemum-Hybriden)

Stauden-Sonnenblume
(Helianthus decapetalus)

⬆ 10-25 cm ❋ 5-8 ○

⬆ 120-150 cm ❋ 8-9 ○

Sorten: Früh blühende Sorten (Blütezeit 6-7): 'Moerheim Beauty': 80 cm, kupferrot; 'Waltraud': 80-100 cm, gelbbraun.
Mittelfrüh blühende Sorten (7-8): 'Flammenrad': 150 cm, braungelb; 'Feuersiegel': 100-130 cm, goldbraun; 'Indianersommer': 90 cm, rot; 'Feuersiegel': 100 cm, rotbraun mit gelber Zeichnung; 'Rubinzwerg': 80 cm, braunrot; 'Zimbelstern': 130 cm, goldbraun geflammt.
Spät blühende Sorten (8-9): 'Baudirektor Linne': 100-120 cm, braunrot; 'Blütentisch': 130 cm, goldgelb, braune Mitte; 'Goldrausch': 150 cm, goldgelb mit brauner Mitte (siehe Foto rechts); 'Wonadonga': 120 cm, orangebraun.

Wuchs: Immergrüne, niedrige Halbsträucher, Blätter meist oval, ganzrandig, klein, grau behaart.
Blüte: Orange, weiß, rot, rosa, große, dekorative Schalenblüten.
Standort: Sandiger, kalkhaltiger und durchlässiger Boden in trockenen, warmen Lagen.
Pflege: Rückschnitt nach der Hauptblüte im August, dann kompakterer Aufbau und bessere Winterhärte; Schutz vor der Wintersonne.
Tipps: Als Einfassung oder Vorpflanzung von sonnigen Rabatten, z.B. mit Lein und Glockenblumen, sowie für Steingärten und Trockenmauern, auch für den Topfgarten.

Sorten: 'Amy Baring': 15 cm, apricot; 'Bronzeteppich': 15 cm, bronzeorange; 'Cerise Queen': 20 cm, kirschrot, gefüllt; 'Lawrenson's Pink': 20 cm, rosa (siehe Foto); 'Red Orient': 25 cm, dunkelrot; 'Sterntaler': 20 cm, goldgelb.

Wuchs: Üppige Horste, aufrecht wachsend, Stängel unten kahl, oberwärts behaart, Blätter oberseits kahl, unterseits rau, eiförmig bis lanzettlich, dunkelgrün.
Blüte: Gelbe Strahlenblüten, einfach und gefüllt blühende Sorten, kleiner als bei den einjährigen Sonnenblume.
Standort: Nährstoffreicher und kalkhaltiger Boden in warmen Lagen.
Pflege: Triebe stützen, Verblühtes ausschneiden, um die Nachblüte zu fördern, regelmäßig düngen.
Tipps: Prächtige Beetstauden für den Bauerngarten und Herbst-Rabatten, mit Astern, Gräsern, Sonnenbraut; gute Bienenweide.

Sorten und weitere Arten: 'Capenoch Star', hellgelb, ungefüllt, 120 cm (siehe Foto); 'Soleil d'Or', goldgelb, gefüllt, 140 cm; *H. microcephalus* 'Lemon Queen': 150 cm, kleine, zitronengelbe Blüten.

Strohblume
(Helichrysum plicatum)

↑ 15–25 cm ❋ 8–9 ○

Wuchs: Niederliegende Stängel, Blütentriebe aufrecht, Blätter linealisch, wollig, aromatisch duftend.
Blüte: Kleine, goldgelbe Blütenköpfchen.
Standort: Durchlässiger, sandiglehmiger Boden in trocken-warmen Lagen.
Pflege: Vor Winternässe und -sonne schützen, Rückschnitt im Frühjahr fördert die Verzweigung.
Tipps: Für Beete mit Steppencharakter und Trockenmauern, auch im Topfgarten.

Weitere Arten: *H. italicum,* Currykraut: buschiger, verholzender Wuchs, silbergraues Laub, Sorte: 'Silbernadel': 40–50 cm, gelb; *H. thianshanicum,* Wollige Strohblume: 20–25 cm, schwefelgelb, im Verblühen wolligweiß, silbriges Blatt, Sorten: 'Goldkind': 30 cm, halbkugelförmige Polster mit aufstrebenden, grauen Trieben, goldgelbe Blüten; 'Schwefellicht': 20 cm, kugelförmige, graue Polster, schwefelgelbe Blüte.

Sonnenauge
(Heliopsis helianthoides var. *scabra)*

↑ 80–150 cm ❋ 7–9 ○

Wuchs: Aufrecht, straffe Stängel, Blätter fest, beidseitig rauaarig.
Blüte: Gelb, einfach und gefüllt blühende Sorten, große Blütenköpfe.
Standort: Nährstoffreicher, durchlässiger Boden in sonnig-warmen Lagen, gut trockenheitsverträglich.
Pflege: Triebe stützen, Jungpflanzen vor Schneckenfraß schützen, nach der Blüte teilweiser Rückschnitt um die Versamung zu verhindern, kompletter Rückschnitt vor dem Winter.
Tipps: Gute Schnittblume, schön im Beet zusammen mit Rittersporn, Mädchenauge, Sonnenbraut, Taglilien, Gräsern.

Sorten: 'Goldgefieder': 130 cm, goldgelb, gefüllt; 'Goldgrünherz': 80 cm, gelb, grüne Mitte, gefüllt; 'Mars': 150 cm, gelborange, einfach; 'Spitzentänzerin': 130 cm, orangegelb, halbgefüllt.

Lenzrose
(Helleborus-Orientalis-Hybriden)

↑ 30–40 cm ❋ 2–5 ◐-● ☞

Wuchs: Kräftiger Wurzelstock mit lang gestielten, glänzenden Blättern, leicht gezähnt, wintergrün, fächerförmig geteilt.
Blüte: Weiß, rosa, rot, oft mit interessanter andersfarbiger Farbzeichnung (Punktierung) auf der Innenseite der Blütenblätter, große, nickende Blütenköpfe.
Standort: Humoser, lehmiger, durchlässiger Boden, verträgt Trockenheit.
Pflege: Vor dem Pflanzen reifen Kompost der Pflanzerde beimischen; herunterfallendes Laub von Bäumen im Herbst auf den Pflanzen als Mulchdecke belassen, diese vor der Blüte im zeitigen Frühjahr entfernen.
Tipps: Schön unter Gehölzen, bildet dauerhaften Unterwuchs; Pflanzen in Ruhe wachsen lassen, giftig.

STAUDEN 69

Taglilie
(Hemerocallis-Hybriden)

⬆ 40–100 cm ❋ 6–9 ○-◐ ☞

Sorten: 'Rote Auslese': 40 cm, dunkelrot; 'Weiße Auslese': 40 cm, weiß-grünlich.

Weitere Arten: *H. foetidus*, Stinkende Nieswurz: 20–40 cm, hellgrüne Blüten, für humus- und kalkreichen Lehmboden, immergrün, glänzende, dunkelgrüne Belaubung; *H. niger*, Christrose: 15–25 cm, weiße Blüten, Blütezeit 1–4, große Schalenblüten, bis Juni feuchten Boden liebend, dann Trockenheit vertragend, beliebte Schnittblume zur Weihnachtszeit, stark giftig; *H. purpurascens*: 40 cm, dunkelpurpurrot, 5-teilige, dunkelgrüne Blätter, Ansprüche und Verwendung wie bei den *H.-Orientalis*-Hybriden.

Wuchs: Mittelhohe, dicht-büschelige Stauden, grundständige, linealische, überhängende Blätter.

Blüte: Breite Farbpalette mit vielen Zwischen- und Mischfarben von Orange über Rot, Rosa, Violett, Gelb, große Trichterblüten, Einzelblüte nur einen Tag lang geöffnet, allerdings öffnen sich im Verlauf mehrerer Wochen täglich neue Blüten.

Standort: Anspruchslos, gedeiht in jedem Gartenboden in sonnigen Lagen oder im lichten Schatten.

Pflege: Gelegentlich düngen, nicht zu dicht pflanzen, beanspruchen viel Platz, Blätter als Winterschutz um die Basis einwickeln, im Frühjahr entfernen.

Tipps: Sehr sortenreiche Gruppe mit jährlichen Neuzüchtungen, amerikanische Züchtungen sind in unserem Klima teilweise blühfaul; guter Partner zu Glockenblumen, Schwertlilien, Storchschnabel, Gräsern; gute Schnittblume.

Sorten: 'Atlas': 100 cm, lichtgelb; 'Bed of Roses': 60 cm, lachsrosa; 'Crimson Pirate': 60–70 cm, leuchtend rot; 'Frans Hals': 80 cm, gelb-rot; 'Luxury Lace': 70 cm, rosa-lavendel; 'Stella de Oro': 40 cm, goldgelb.

Weitere Arten: *H. citrina*: 120 cm, hellgelbe Blüten, starker Zitronenduft; *H. fulva*: 60–120 cm, braunorange, bildet kräftige Ausläufer, zum Verwildern geeignet, alte Bauerngartenpflanze; *H. middendorffii*: 30–70 cm, goldgelb, buschiger Wuchs, unverzweigte Stängel, bereits ab Mai blühend; *H. minor*: 60 cm, zitronengelb, zierliche Art mit kleinen Blüten; *H. thunbergii*: 90 cm, zitronengelb, Ausläufer treibende Art, Blüten auf verzweigten Stängeln.

Leberblümchen
(Hepatica nobilis)

↑ 5-10 cm ✽ 3-4 ◐ ☞

Wuchs: Grundrosetten aus derben, lang-gestielten dreilappigen Blättern, an geschützten Standorten wintergrün, neue Blätter erscheinen nach der Blüte.
Blüte: Blaue anemonenähnliche Sternblüten an kurzen Stielen.
Standort: Liebt kalkhaltigen Waldhumusboden in frischen, lichtschattigen Lagen.
Pflege: Nicht verpflanzen, wächst am liebsten ungestört, im Frühjahr oder Herbst Laub als Mulch um die Pflanzen ausbringen.
Tipps: Als Unterpflanzung von Laubgehölzen, sehr schöner und beliebter Vorfrühlingsblüher, im Garten zusammen mit Schneeglöckchen, Märzenbecher, Christrosen.
Weitere Art: *H. transsylvanica:* 10-15 cm, etwas früher blühend, sehr anspruchslos, breitet sich allmählich flächig aus.

Nachtviole
(Hesperis matronalis)

↑ 50-60 cm ✽ 5-7 ○-◐

Wuchs: Aufrecht wachsend, Blätter herzförmig, dreieckig, meist 2-jährig.
Blüte: Lila, weiß oder rosa, einfach und gefüllt blühende Sorten, in endständiger Traube, abends duftend.
Standort: Liebt lockeren, tiefgründigen, kalkhaltigen Boden in absonniger Lage.
Pflege: Anspruchslos, vor Schneckenfraß schützen; sät sich aus, dadurch rasche Vermehrung; die Einzelpflanze selbst ist kurzlebig.
Tipps: Passt in Bauerngärten und Naturgärten, z.B. zu Glockenblumen oder Wiesenraute; Insektenmagnet; gute Schnittblume.
Sorten: 'Alba': 60 cm, weiß, steril, daher nicht selbst versamend, Pflanzen alle 1-2 Jahre im Frühjahr aufnehmen, teilen und neu pflanzen; 'Alba Plena': 40 cm, gefüllt blühend, remontierend, sehr gute Schnittblume, nicht sehr ausdauernd, ebenfalls alle 1-2 Jahre aufnehmen, teilen und neu pflanzen.

Purpurglöckchen
(Heuchera-Hybriden)

↑ 30-70 cm ✽ 6-7 ◐

Wuchs: Horstig, mit lang gestielten, rundlich-herz-förmigen Blättern, je nach Sorte unterschiedlich gefärbt, von grün bis rötlich, mit hellen Zeichnungen, gefleckt oder geädert.
Blüte: Rosa, weiß, violett, rot, in lockeren Trugdolden auf dünnen, straffen Stielen.
Standort: Humoser, nährstoffreicher, frischer Boden in lichtschattigen Lagen.
Pflege: In rauen Gegenden im Winter mit Reisig abdecken, regelmäßig aufnehmen und teilen, bei Trockenheit gießen.
Tipps: Sehr schöne Blattschmuckstaude mit leuchtkräftigen Blüten und zahlreichen Sorten, gute Schnittblume, im Beet zusammen mit Storchschnabel- und Glockenblumen-Arten.

STAUDEN 71

Funkie, Herzlilie
(*Hosta*-Hybriden)

⬆ 40–80 cm ❀ 6–8 ◐-●

Wuchs: Üppig wachsend, große Horste bildend, Blattstiel geflügelt, große, feste Blattspreiten, herzförmig, je nach Sorte unterschiedlich gefärbt.
Blüte: Lila oder weiß, duftend, in kurzen, dichten Blütentrauben.
Standort: Humus- und nährstoffreicher, feuchter, aber durchlässiger Boden, gezeichnete und goldgelbe Sorten vetragen auch einen sonnigeren Platz.
Pflege: Vor Schneckenfraß schützen, Boden immer feucht halten, bei Bedarf gießen; vor zu starker Sonneneinstrahlung schützen, da Blätter sonst verbrennen; im zeitigen Frühjahr welken Laub entfernen und Mulch um die Pflanzen verteilen, um die Bodenfeuchtigkeit besser zu speichern.
Tipps: Sehr wertvolle Blattschmuckpflanzen, schön in Kombination untereinander und in Kontrast, z.B. zu schmalblättrigen Gräsern oder Farnen, auch für den Topfgarten geeignet.

Sorten: 'Fortunei Albopicta' (= *H. fortunei* 'Aureomaculata'): 40-60 cm, lila, gelbe Blätter mit grünem Rand; 'Fortunei Aurea': 40-60 cm, lila, leuchtend goldgelb gefärbte Blätter; 'Francee': 40-60 cm, lila, schmal weiß gerandetes Laub (Foto links); 'Honeybells': 50-80 cm, weißlich-lila, hellgrüne, breit herzförmige Blätter; 'Hyazinthina': 50-70 cm, zartviolett, graugrüne, leicht runzelige, unterseits bläulich bereifte Blätter; 'Royal Standard': 50-80 cm, weiß, apfelgrünes Laub, duftende Blüten.

Weitere Arten: *H. elata:* 70-130 cm, hellviolett, dunkelgrünes Laub, bildet große Horste; *H. lancifolia:* 30-60 cm, dunkelviolett, lanzettliche, glänzend-grüne Blätter, Ausläufer, zur flächigen Verwendung; *H. sieboldiana,* Blaublatt-Funkie: 50-80 cm, hellviolett, lila-weiß, graugrüne Blätter, oberseits schwach bereift, Sorten: 'Elegans': 50-80 cm, hellviolett, graublau bereifte Blätter (Foto rechts); 'Frances Williams' (= *H. aureomarginata*): 50-80 cm, lila, gelber Blattrand; *H.* × *undulata* 'Albomarginata', Weißrand-Funkie: 40-70 cm, lila, weiß gerandete, wellige Blätter.

Sorten: 'Chocolate Ruffles': 30 cm, weißlich-rosa Blüten, kräftiges, rotbraunes Laub, Blätter am Rand stark gewellt; 'Plum Pudding': 30-40 cm, grünlich-weiße Blüte mit pflaumenfarbenem Laub; 'Jubilee': 50 cm, hellrosa, grünes Laub.

Weitere Arten: *H.* × *brizoides:* 30-80 cm, frischgrün bis bronzerot gefärbtes Laub, magentafarbene Blüten, Sorten: 'Red Spangles': 50-60 cm, leuchtend scharlachrot, grünlaubig; 'Stormy Sears': 30-40 cm, Blätter metallisch rot, Blüten weiß, sehr dankbare Sorte; 'Widar': 80 cm, scharlachrot, rotbraunes Laub, sehr wüchsig; *H. micrantha:* bis 90 cm, rötlich-weiße Blüten, grau gezeichnete Blätter, Sorten: 'Palace Purple': 30-70 cm, weiß, rotbraunes Laub (siehe Foto rechts); 'Rachel': 20-50 cm, rosa, rotbraunes Laub; × *Heucherella tiarelloides:* Kissen-Purpurglöckchen, treibt kurze Ausläufer, 40-50 cm hoch, Blätter rundlich-herzförmig mit gelapptem oder gekerbtem Rand, braunrote Stängel, rosa Blüten, ähnlich *Heuchera*, in extremen Lagen im Winter mit Laub abdecken, sehr guter Bodendecker unter und zwischen Gehölzen, bildet dichte Bestände.

Johanniskraut
(Hypericum calycinum)

↕ 30–40 cm ❋ 7–9 ◐ ☞

Wuchs: Strauchartig wachsend, immergrün, kurze Ausläufer treibend, Blätter bläulich grün.
Blüte: Goldgelb, groß, mit langen, feinstrahligen Staubfäden.
Standort: Gedeiht in jedem nicht zu schweren Gartenboden, kommt mit Trockenheit sehr gut zurecht.
Pflege: Blätter frieren in schneelosen Wintern zurück; dann bodennaher Rückschnitt im Frühjahr, die Pflanzen treiben willig wieder frisch aus.
Tipps: Wüchsiger Bodendecker vor und zwischen Gehölzen, sehr konkurrenzstark, auch für große Flächen.

Sorten und weitere Arten:
H. polyphyllum: 15 cm, gelb, kleinere Form, für Trockenmauern und Böschungen, Sorte: 'Schwefelperle': 15 cm, hellgelb.

Zwerg-Alant
(Inula ensifolia)

↕ 30–40 cm ❋ 7–8 ○

Wuchs: Dichtbüschelig mit kurzen Ausläufern, Stängel dünn, dicht beblättert, Blätter steif, lanzettlich, ganzrandig.
Blüte: Gelbe Strahlenblüten, einzeln auf Stängel sitzend.
Standort: Anspruchslos, gedeihen in jedem kalkhaltigen Gartenboden, gut trockenheitsverträglich.
Pflege: Bodennaher Rückschnitt im Spätherbst.
Tipps: Schöner und einer der seltenen Sommerblüher für den Steingarten, guter Partner von Salbei, Steinquendel oder Katzenminze.

Sorten und weitere Arten:
'Compacta': 20 cm, kompakter und kugelbuschiger Wuchs, unermüdlicher Blüher (siehe Foto); *I. magnifica:* 140–200 cm hohe Prachtstaude, große, unterseits filzige Blätter, goldgelbe Blüten an verzweigten Stielen.

Bart-Iris, Schwertlilie
(Iris-Barbata-Hybriden)

↕ 20–100 cm ❋ 4–6 ○

Wuchs: Hohe, mittelhohe und niedrige Sorten, oberflächlich kriechende fleischige Rhizome, Blätter blaugrau, steif aufrecht, schwertförmig.
Blüte: Viele Farbtöne, häufig zweifarbig, große Blüten in wenigblütigen Trauben, die Einzelblüte unterteilt in Hängeblätter mit »Bart« und aufrecht stehende Domblätter.
Standort: Durchlässiger nährstoffreiche Böden in warmen, trockenen Lagen.
Pflege: Neupflanzung im Herbst, nicht von anderen Pflanzen überwuchern lassen; Rhizome nicht mit Erde bedecken; Blütenstand nach der Blüte abschneiden, welke Blätter erst im zeitigen Frühjahr; vor Winternässe schützen, Rhizome nach 4–5 Jahren nach der Blüte ausgraben und durch zerschneiden teilen.

STAUDEN

Gelbe Sumpf-Schwertlilie
(Iris pseudacorus)

Sumpf-Schwertlilie
(Iris sibirica, I.-Sibirica-Hybriden)

↕ 80–120 cm ✿ 5–6 ☼-◐

↕ 60–100 cm ✿ 6–7 ☼-◐

Tipps: Als Begleiter andere trockenheitsliebende Stauden wählen, z.B. Lavendel, Katzenminze, Salbei, Berg-Aster, Wolfsmilch, Mohn oder Gräser.

Sorten: Jedes Jahr kommen neue Züchtungen hinzu, das Sortiment ist unüberschaubar. Es gibt drei Gruppen:
<u>Niedrige Bart-Iris (Nana-Gruppe):</u> 20–35 cm hoch, Blütezeit 4–5: z.B. 'Dark Vader': 30 cm, rötliches, fast schwarzes violett mit blauem Bart; 'Eiswürfel': 30 cm, hellblau; 'Hamburger Nacht': 35 cm, dunkelviolett mit dunkelpurpur; 'On Fire': 30 cm, hell braunrot mit violettem Bart; 'White Gem': 35 cm, schneeweiß;
<u>Mittelhohe Bart-Iris (Media-Gruppe):</u> 50–60 cm hoch, Blütezeit 5–6: z.B. 'Cheers': 50 cm, weiß mit orangerotem Bart; 'Pink Kitten': 55 cm, reinrosa; 'Vamp': 50 cm, kardinal-purpurrot, violetter Bart;
<u>Hohe Bart-Iris (Elatior-Gruppe):</u> 60–100 cm hoch, Blütezeit 5–6: z.B. 'Antique Ivory': 70 cm, elfenbein mit zitronengelbem Schlund; 'Carolina Gold': 90 cm, goldgelb; 'Clear Morning Sky': 100 cm, zartes Hellblau; 'Dutch Chocolate': 80 cm, braun mit gold; 'Feu du Ciel': 90 cm, tieforange; 'Princesse Caroline de Monaco': 100 cm, hellblau, gewellt, mit leuchtend rotem Bart.

Wuchs: Aufrechte, horstige Pflanzen mit bis zu 3 cm breiten, grasgrünen, schilfartigen Blättern, breitet sich durch Rhizome stark aus.
Blüte: Gelb, Hängeblätter mit schwarzbrauner Aderung, an verzweigten Stängeln.
Standort: Feuchtigkeit liebend, an Bachläufen oder Teichrändern in der Sonne oder im Halbschatten.
Pflege: Wenn zu stark wachsend, Pflanze teilen bzw. Teile abtrennen.
Tipps: Bildet schöne Pflanzen-gemeinschaften an Bachläufen und am Teich, z.B. mit Trollblume, Blut-Weiderich, Ligularien.

Weitere Arten: *I.*-Louisiana-Hybriden: 70 cm, zierlicher Blütenaufbau, viele verschiedene Farben, kurze Kronblätter, lange, nach unten gebogene Hängeblätter, Sorte: 'D.K. Williamson': purpurviolette, leuchtkräftige, flache Blüten.

Wuchs: Horstig, schilfartige, bläulich bereifte Blätter, Stängel verzweigt.
Blüte: Blau, die Hybrid-Sorten in vielen verschiedenen Farben, meist mit Streifenmuster.
Standort: Humusreiche, frische Böden in feuchten, bevorzugt vollsonnigen Lagen.
Pflege: Für ausreichend feuchten Boden sorgen, im Frühjahr mit reifem Kompost düngen und vergilbtes Laub entfernen.
Tipps: Wirkt schön zu Partnern mit gegensätzlichen Blattformen, z.B. Funkien, Ligularien, Trollblumen.

Sorten: *I.*-Sibirica-Hybriden: 'Caesar's Brother': 100 cm, nachtblau; 'Mrs. Rowe': 80 cm, silberweiß; 'My Love': 100 cm, hellblau; 'Elfe': 100 cm, violett; 'Pansy Purple': 60 cm, samtiges Dunkelviolett; 'Ruffled Velvet': 60 cm, violett mit Tigerzeichnung am Schlund.

Steppen-Iris
(Iris-Spuria-Hybriden)

⬆ 100-120 cm ✿ 6-7 ○

Wuchs: Hochwüchsig, grazil, schmale, grasartige Blätter.
Blüte: Breite Farbpalette der unzähligen Sorten, zierlicher, eleganter Blütenaufbau.
Standort: Locker-humoser, nährstoffreicher, kalkhaltiger Boden in sonnig-warmen, aber frischen Lagen.
Pflege: Bei Trockenheit gießen, regelmäßig düngen, welke Blätter entfernen; Herbstpflanzung ist zu bevorzugen.
Tipps: Für große Beete, zusammen mit Frauenmantel, Rittersporn, Storchschnabel, oder in flächigen, naturnahen Pflanzungen.

Sorten: 'Eleonor Hill': 110 cm, mittelviolett, Hängeblätter goldbronze mit braunen Adern; 'Elixir': 120 cm, goldgelb; 'Premier': 120 cm, mittelblau, mit dunklen Adern durchzogen, zur Mitte hin hellgelb; 'Transition': 100 cm, rotviolett mit gelber Mitte.

Wachsglocke
(Kirengeshoma palmata)

⬆ 50-60 cm ✿ 8-9 ◐-●

Wuchs: Vieltriebig, dichte Horste bildend, Blätter handförmig, 7- bis 10-lappig, zugespitzt und leicht gezähnt.
Blüte: Gelb, glockig, wachsartig, nickende Trugdolden an übergeneigten Trieben.
Standort: Locker-humoser, nährstoffreicher und frischer Boden.
Pflege: Anspruchslos, Rückschnitt vor dem Winter.
Tipps: Wertvoller Herbstblüher für schattige Beete, schön mit Eisenhut, Silberkerzen, Herbst-Anemonen.

Fackellilie
(Kniphofia-Hybriden)

⬆ 60-90 cm ✿ 6-9 ○

Wuchs: Horst mit schilfähnlichem, dunkelgrünem Laub, wintergrün.
Blüte: Gelb, orange, rot, an kolbenartigen Blütenschäften.
Standort: Sandiger oder lehmiger, frischer bis feuchter, aber durchlässiger Boden.
Pflege: Für ausreichend Feuchtigkeit während der Vegetationszeit sorgen; Schutz vor Winternässe erforderlich, z. B. mit Vlies und Reisig abdecken, Triebe vor dem Winter zusammenbinden.
Tipps: Leuchtende Rabattenstaude, besonders schön mit blauen und weißen Partnern, z. B. Katzenminze, Wolfsmilch, Lavendel sowie Gräsern; gute Schnittblume.

Sorten: 'Royal Standard': 80 cm, gelb, nach oben feuerrot; 'Schneewittchen': 80 cm, weiß; 'The Rocket': 90 cm, rot.

Gefleckte Taubnessel
(Lamium maculatum)

⬆ 15–20 cm ✿ 5–6 ◐-○ ☞

Wuchs: Kurz verzweigt, Ausläufer treibend, Blätter dunkelgrün, silbrig gefleckt, sehr wüchsig.
Blüte: Rötlich purpurfarbene, rosa oder weiße Lippenblüten in dichten Trauben.
Standort: Für durchlässige, humose, nährstoffreiche Lehmböden in feuchten, nicht zu schattigen Lagen.
Pflege: Anspruchslos; wenn zu stark wuchernd, Ausläufer abtrennen.
Tipps: Schöner Bodendecker mit interessanter Laubzeichnung; nur konkurrenzstarke Nachbarn wählen, z.B. Kaukasus-Vergissmeinnicht, Lungenkraut.

Sorten und weitere Arten:
'Pink Pewter': 20 cm, hellrosa, weiß geflecktes Laub; 'White Nancy': 20 cm, weiß, silberweißes Laub; *L. galeobdolon*, Goldnessel: 20–30 cm, wuchernd, gelbe Blüten, Sorten: 'Florentinum': rasch wachsender Bodendecker; 'Silberteppich': 15–25 cm, silbrig gezeichnetes Laub, horstig wachsend.

Stauden-Wicke
(Lathyrus latifolius)

⬆ 150–200 cm ✿ 6–8 ◐

Wuchs: Kletternd, ähnlich den einjährigen Duftwicken, Blüten allerdings nicht duftend.
Blüte: Karminrosa, rote oder weiße Schmetterlingsblüten, reich blühend.
Standort: Anspruchslos, für mäßig nährstoffreiche Böden.
Pflege: Benötigt senkrechte Kletterhilfe, z.B. gespannte Schnüre, Drahtseile oder Hasengitter; Rückschnitt vor dem Winter.
Tipps: Gut zum Beranken von Zäunen und auch als Schnittblume; beliebte Bauerngartenpflanze, gute Bienenweide.

Sorten und weitere Arten:
'Rosa Perle': rosa; 'Rote Perle': rot; 'Weiße Perle': weiß; *L. grandiflorus*: bis 2 m hoch, kletternd, rosarote, große Blüten, Liebhaberpflanze.

Frühlings-Platterbse
(Lathyrus vernus)

⬆ 20–30 cm ✿ 4–5 ◐ ☞

Wuchs: Dichtbuschig, horstig, Blätter gefiedert mit schmalen Teilblättchen, glänzend.
Blüte: Rotviolett, später blau färbend, in dichten Blütentrauben, auch weiß blühende Sorten.
Standort: Nährstoff- und humusreicher, kalkhaltiger Boden in frischen, absonnigen Lagen.
Pflege: Anspruchslos, am besten ungestört wachsen lassen, versamt sich dann in der näheren Umgebung.
Tipps: Dankbarer Frühlingsblüher im lichten Schatten von Gehölzen, zusammen mit anderen Frühlingsblühern, z.B. Elfenblume, Busch-Windröschen, Tulpen, Dichter-Narzissen oder Schachbrettblumen.

Sorten und weitere Arten:
'Alboroseus': 30 cm, rosa-weiße Blüten; *L. aurantiacus*: 60 cm, orange Blüten, horstig wachsend, samt sich leicht aus.

Lavendel
(Lavandula angustifolia)

⬆ 25-60 cm ❃ 7-8 ○

Wuchs: Halbstrauch, an der Basis verholzend, immergrün, Blätter lanzettlich, aromatisch duftend.
Blüte: Kleine violette, blaue oder weiße Lippenblüten in lang gestielten Ähren in dichten Quirlen, duftend.
Standort: Durchlässiger, kalkhaltiger, relativ nährstoffreicher Boden in vollsonniger Lage.
Pflege: Rückschnitt bis ins alte Laub nach der Blüte fördert kompakten, dichten Wuchs; vor Wintersonne und Winternässe schützen, mit Reisig abdecken.
Tipps: Beliebte intensiv duftende Pflanze für Einfassungen, im Rosenbeet, für den Steingarten oder in Mauerfugen, auch für den Topfgarten geeignet; gute Schnittblume, Blütenstände zum Trocknen geeignet, duften anhaltend.

Sorten: 'Alba': 25-40 cm, weiß; 'Grappenhall': 60 cm, blau, lange Blütenähren, stark wachsend; 'Hidcote Blue': 25-40 cm, blauviolett, dunkelste Sorte, sehr wirkungsvoll; 'Munstead': 25-40 cm, blauviolett, kompakt wachsend; 'Twickel': 40 cm, blau.
Weitere Arten: *L. stoechas,* Schopf-Lavendel: 40-60 cm, schopfartige Blüten, violett, Blätter und Blüten nach Kampfer und Zimt duftend, blüht 7-9, schön auch für den Topfgarten, in rauen Lagen Winterschutz nötig, Sorte: 'Papillon' (Syn.: *L. stoechas* subsp. *pedunculata*): purpurrosa gefärbte Hochblätter an der Spitze der Blütenähren, sehr lange blühend, graugrünes Laub, Winterschutz unbedingt erforderlich (siehe Foto rechts); *L. × intermedia,* Provence-Lavendel: starkwüchsig, silbriges Laub, frostgefährdet, Winterschutz unbedingt erforderlich, Sorten: 'Dutch': 40-70 cm, blau, Blüten lang gestielt, weiß-grünliche, lange Blätter; 'Grosso': 35-70 cm, blaue Blüten an sehr langen Blütenständen, pilzresistente Sorte; 'Hidcote Giant': 30-60 cm, hellviolett, sehr wuchskräftig.

Buschmalve
(Lavatera thuringiaca)

⬆ 120-150 cm ❃ 7-9 ○-◐

Wuchs: Breitbuschig, dicht belaubt, weiche, graufilzige Blätter.
Blüte: Hellrosa, malvenähnlich, große Einzelblüten in den Blattachseln.
Standort: Lockerer, humoser, mäßig nährstoffreicher Boden in warmen Lagen.
Pflege: Anspruchslos, robust; erfrorene Triebe nach dem Winter ausschneiden.
Tipps: Für den lichten Gehölzrand und Beete mit Steppencharakter; schön zu Gräsern, Salbei oder in der Sommerstaudenrabatte, z.B. mit Kosmeen, Rittersporn, Salbei, Margeriten.

Sorten und weitere Arten: *L.*-Olbia-Hybriden: für warme Lagen, Winterschutz notwendig, da nicht sicher frostfest, Sorten: 'Ice Cool': 120 cm, weiß, relativ gut winterhart; 'Kew Rose': 150-200 cm, altrosa; 'Barnsley': 150-200 cm, weiß, rosa Auge, großblütig.

Oktober-Margerite
(Leucanthemella serotina, Syn.: *Chrysanthemum serotinum)*

↑ 120–170 cm ✿ 9–10 ○–◐

Wuchs: Straff aufrecht, Blätter länglich-lanzettlich, scharf gezähnt.
Blüte: Weiße Margeritenblüten mit grünlich-gelber Mitte
Standort: Nährstoffreicher, frischer Boden in halbschattiger Lage.
Pflege: Bodennaher Rückschnitt nach der Blüte, Triebe stützen; im Frühjahr mit reifem Kompost düngen.
Tipps: Schön im Beet zusammen mit anderen Herbstblühern, z. B. Eisenhut, Raublatt-Astern, Purpurdost; wertvoll wegen der späten Blütezeit; gute Schnittblume.

Garten-Margerite
(Leucanthemum-[Syn.: *Chrysanthemum-*]Maximum-Hybriden*)*

↑ 60–100 cm ✿ 6–8 ○

Wuchs: Horstig, wenig verzweigte Triebe, Blätter lanzettlich, stark gezähnt.
Blüte: Weiße Korbblüten, gefüllte und ungefüllte Sorten, teilweise sehr großblütig.
Standort: Anspruchslos, gedeiht in jedem Gartenboden, wenn nicht zu schwer und feucht.
Pflege: Blüten nach der Blüte abschneiden, dadurch bilden sich kräftigere Rosetten; vor Winternässe schützen.
Tipps: Ideal im Bauerngarten und für das Sommerbeet, zusammen mit Mohn, Lilien, Rittersporn, Lupinen; gute Schnittblume.

Sorten: 'Beethoven': 80 cm, weiß, einfach, großblütig; 'Christine Hagemann': 80 cm, weiß, gefüllt, teilweise remontierend; 'Gruppenstolz': 60 cm, weiß, einfach, kompakt; 'Sonnenschein': 70 cm, hellgelb, einfach.

Prachtscharte
(Liatris spicata)

↑ 20–80 cm ✿ 7–9 ○

Wuchs: Grasartige Blattschöpfe, Blätter schmal linealisch, dunkelgrün.
Blüte: Violett oder weiß, in dichten Ähren, von oben nach unten aufblühend, starke Leuchtkraft.
Standort: Nährstoffreicher, feuchter, aber durchlässiger Boden in sonnigwarmen Lagen.
Pflege: Rückschnitt nach der Blüte; Schutz vor Winternäse, dazu bei Bedarf eine Dränschicht vorsehen; vor Schneckenfraß schützen.
Tipps: Schmetterlingsmagnet, schön im Beet zusammen mit Glockenblumen, Gaura, Indianernesseln, Berg-Aster; gute Schnittblume.

Sorten: 'Floristan Weiß': 30–80 cm, weiß; 'Kobold': 20–40 cm, violett.

Strauß-Kreuzkraut, Strauß-Ligularie
(Ligularia dentata)

↑ 60–120 cm ❀ 7–9 ◐

Wuchs: Horstig, buschig, eindrucksvolle Erscheinung, große, rundliche bis herzförmige Blätter, zusammen als geschlossene Blattkuppeln wirkend.
Blüte: Orangegelbe oder dunkelorange gefärbte Korbblüten, in flachen Trugdolden über dem Laub.
Standort: Lehmige, nährstoffreiche feuchte Böden in absonnigen Lagen, hitzempfindlich.
Pflege: Schutz vor Schnecken ist wichtig; Horste im Herbst bodennah zurückschneiden.
Tipps: Herrliche Blattschmuckstaude in Solitärstellung, bei viel Feuchtigkeit auch sonniger Stand möglich; schön u. a. zu Dost, Frauenmantel, Mädesüß.

Sorten: 'Desdemona': orangegelb, mit purpurroten Blättern, 60–110 cm hoch; 'Othello': dunkelorange, rotblättrig, 100–120 cm hoch.

Kerzen-Kreuzkraut, Kerzen-Ligularie
(Ligularia przewalskii)

↑ 60–120 cm ❀ 7–9 ◐

Wuchs: Buschig-horstig, Blätter tief handförmig eingeschnitten, oberseits dunkelgrün, unterseits heller.
Blüte: Gelbe Korbblüten, an dichten, schlanken, ährenrispigen Blütenständen.
Standort: Lehmige, nährstoffreiche, feuchte Böden in absonnigen Lagen, hitzempfindlich.
Pflege: Schutz vor Schnecken; Horste im Herbst bodennah zurückschneiden.
Tipps: Schön vor dunklem Hintergrund, attraktive Blattkontraste zu hohen Gräsern, Bambus oder Schaublatt; sehr elegant wirkende Form.

Sorten und weitere Arten:
L. × *hessei:* Riesen-Ligularie, 70–160 cm, große, länglich-herzförmige Blätter, Blüten orangegelb in kuppelförmigen, straußartigen Blütenständen; *L.*-Hybride 'Zepter': goldgelb, 150–200 cm, nierenförmige, grob gezähnte Blätter, Blüten auf schwarzen Blütenstielen.

Leinkraut
(Linaria purpurea)

↑ 60–80 cm ❀ 7–10 ○

Wuchs: Buschig, lockerwüchsig, aufrechte, verzweigte Triebe, Blätter linealisch, blaugrün.
Blüte: Purpurviolett, rosa oder weiß, löwenmäulchenartig, in langen, schlanken, dichten Trauben, sehr lange blühend.
Standort: Humus- und nährstoffarme, durchlässige Böden, bevorzugt kiesig-lehmig.
Pflege: Keine besonderen Ansprüche; Rückschnitt nach der Blüte.
Tipps: Elegante Wildstaude, die sich kräftig versamt, für naturnahe Beete und Steppenpflanzungen, zusammen mit Gräsern, Salbei, Lilien; schöne Schnittblume.

Sorten: 'Alba': weiß; 'Canon Went': hellrosa.

STAUDEN

Lein
(Linum narbonense)

⬆ 40-50 cm ❋ 5-8 ○

Wuchs: Aufrechte Triebe, Blätter lanzettlich, scharf zugespitzt, insgesamt duftige Erscheinung.
Blüte: Hellblau, tellerförmig in wenig verzweigten Blütenständen, sehr lange blühend.
Standort: Durchlässiger, nicht zu schwerer Boden.
Pflege: Mit Reisigabdeckung vor Wintersonne und Winternässe schützen, bei zu schweren Böden kurzlebig.
Tipps: Sehr gute Begleitpflanze zu Bart-Iris und Federgras; gute Schnittblume.

Sorten und weitere Arten:
L. flavum: 30 cm, große, gelbe Blüten, blaugraue Blätter, für den Steingarten; *L. perenne:* 60 cm hoch, aufrechte Triebe, wasserblaue Blüten, kurzlebig, sich selbst versamend, für den Steingarten, Sorten: 'Nanum Album': 25 cm, weiß; 'Nanum Saphir': 25 cm, himmelblau.

Steinsame
(Lithospermum purpurocaeruleum)

⬆ 25-30 cm ❋ 5-6 ◐

Wuchs: Bildet bogige Absenker, breitet sich dadurch flächig aus, dicht beblätterte Triebe, Blätter lanzettlich, leicht behaart.
Blüte: Im Aufblühen rot, später enzianblau, in Wickeltrauben am Stängelende sitzend.
Standort: Nährstoffreiche, kalkhaltige Böden in trockenen Lagen.
Pflege: Pflanzung im Frühjahr, nach der Pflanzung regelmäßig gießen, Rückschnitt im Herbst.
Tipps: Sehr konkurrenzstark, bildet dichte Teppiche, nur mit stark wachsenden Partnern kombinieren, z. B. Storchschnabel-Arten; gut in Gehölznähe, da Wurzeldruck vertragend; auch für größere Gefäße geeignet.

Lupine
(Lupinus-Hybriden)

⬆ 100-120 cm ❋ 5-7 ○

Wuchs: Hochwüchsige Staude mit fingerförmig geteilten Blättern.
Blüte: Gelbe, rote, rosa, blaue oder weiße Schmetterlingsblüten in aufrechten Trauben.
Standort: Kalkarmer, durchlässiger, nicht zu nährstoffreicher Boden.
Pflege: Verblühtes regelmäßig ausschneiden; Totalrückschnitt nach der Blüte fördert Neuaustrieb, dann teilweise remontierend; bodennaher Rückschnitt im Herbst.
Tipps: Knöllchenbakterien in den Wurzeln reichern Stickstoff im Boden an; im Beet am besten verschiedene Sorten miteinander kombinieren; gute Schnittblume.

Sorten: 'Edelknabe': karminrot; 'Fräulein': weiß; 'Kastellan': blau mit weiß; 'Kronleuchter': gelb; 'Mein Schloß': ziegelrot; 'Schloßfrau': rosa.

Lichtnelke, Brennende Liebe
(Lychnis chalcedonica)

⬆ 80–100 cm ✿ 6–7 ○

Wuchs: Aufrechte Horste mit straffen Blütenstielen, Blätter länglich-eiförmig, rauhaarig.
Blüte: Leuchtend rot, in dichten Trugdolden, sehr auffällig.
Standort: Gedeiht in jedem nährstoffreichen Gartenboden in nicht zu nassen Lagen.
Pflege: Verblühtes regelmäßig ausschneiden; nach der Blüte starker Rückschnitt, um Neuaustrieb zu fördern.
Tipps: Schöne Rabattenstaude, beliebte Bauerngartenpflanze, als Partner von Rittersporn, Salbei, Margeriten, Schafgarbe.

Weitere Arten: *L. coronaria,* Kronen-Lichtnelke: 20–70 cm, kurzlebige Art mit weißfilzigen Blättern, leuchtend pinkfarbene Blüten, sät sich selbst aus; *L. flos-cuculi,* Kuckucks-Lichtnelke: 20–50 cm, für Feuchtwiesen und naturnahe Pflanzungen, rosa Blüten; *L. viscaria,* Pechnelke: 15–50 cm, für Trockenrasen, nährstoff- und kalkarmen Boden, karminrosa Blüten.

Schnee-Felberich
(Lysimachia clethroides)

⬆ 60–80 cm ✿ 7–9 ○–◐ ☞

Wuchs: Kurze Ausläufer, aufrecht, lange, geschwungene Blütentrauben, die sich beim Aufblühen aufrichten, Blätter lanzettlich, färben sich im Herbst rot.
Blüte: Weiß, in dichten kegelförmigen Trauben, Schmetterlingsmagnet.
Standort: Bevorzugt nährstoffreichen, frischen bis feuchten Boden in sonnigen Lagen.
Pflege: In strengen Wintern Winterschutz nötig; in Trockenperioden gießen.
Tipps: Für den Teichrand und in Gehölznähe, für naturnahe Pflanzungen; schön mit Wiesen-Storchschnabel, Dreimasterblume, Eisenhut und Mädesüß.

Weitere Arten: *L. ciliata* 'Firecracker': 60–80 cm, hellgelbe Blüten über rotbraunen Blättern, bildet durch kurze Ausläufer dichte Bestände; *L. atropurpurea:* 60–80 cm, schön geadertes Blatt, dunkel-purpurfarbene Blüten, sehr zierend.

Gold-Felberich
(Lysimachia punctata)

⬆ 50–100 cm ✿ 6–8 ○–◐ ☞

Wuchs: Stark Ausläufer treibend, wuchernd, wenig verzweigte Stängel, Blätter eiförmig lanzettlich, behaart.
Blüte: Gelb, schalenförmig, in den Blattachseln sitzend, Dauerblüher.
Standort: Nährstoffreicher, frischer bis feuchter Boden in kühlen oder mäßig warmen Lagen.
Pflege: Wenn sich die Pflanze zu stark ausbreitet, mit dem Spaten abstechen; bei trockenem Boden Rückschnitt nach der Blüte.
Tipps: Für Teichränder und in Gehölznähe, für naturnahe Pflanzungen; als Partner von Frauenmantel, Eisenhut und Storchschnabel; zum Verwildern geeignet, beansprucht viel Platz.

Sorten: 'Alexander': 50–80 cm, gelbe Blüten, cremefarbene Blattzeichnung, weniger starkwüchsig als die Art; 'Hometown Hero': 80–100 cm, dunkelgelb, nicht wuchernd, horstig wachsend, dicht- und großblütig.

STAUDEN 81

Blut-Weiderich
(Lythrum salicaria)

↕ 60-120 cm ✿ 7-9 ☉-◐ ☞

Wuchs: Aufrecht, strauchartig, Stängel verholzend, Blätter spitz, schmal mit lanzettlich, auf der Unterseite deutlich hervortretenden Nerven, rote Herbstfärbung.
Blüte: Purpurrot, klein, in den Achseln der Hochblättern in langen Scheinähren.
Standort: Jeder nährstoffreiche und feuchte Boden.
Pflege: Abgeblühtes entfernen, um Selbstaussaat zu verhindern; bodennaher Rückschnitt im Herbst.
Tipps: Für Teichränder und naturnahe Pflanzungen, zusammen mit Frauenmantel, Taglilien oder Chinaschilf; wirkt in Sumpfzonen wasserreinigend.

Sorten: 'Robert': 60-80 cm, lachskarmin, kompakt und standfest (siehe Foto); 'Stichflamme': 80 cm, purpurrot; 'Swirl': 70 cm, zartrosa; 'Zigeunerblut': 120 cm, leuchtend rot.

Federmohn
(Macleaya cordata)

↕ 200-300 cm ✿ 7-9 ☉-◐

Wuchs: Ausläufer treibend, Milchsaft führend, starkwüchsig, sehr große, rundlich-herzförmige, gelappte, blaugraue Blätter, unterseits weißlich, flaumig behaart.
Blüte: Gelb- oder rosa-weiß gefärbt, in großen, lockeren Rispen.
Standort: Nährstoffreicher, mäßig trockener, durchlässiger Boden in sonnig-warmer Lage.
Pflege: Anspruchslos, bei Trockenheit gießen; bodennaher Rückschnitt im Herbst.
Tipps: Beansprucht Solitärstellung, bestens geeignet zum Verdecken unschöner Mauern oder Zäune.

Sorte: 'Flamingo': 200 cm, rosa-weiße Blüten.

Blauer Scheinmohn
(Meconopsis betonicifolia)

↕ 90-120 cm ✿ 6-7 ☉-◐

Wuchs: Rosettenartig angeordnete Blätter, bräunlich behaart, oval, gekerbt.
Blüte: Himmelblau, Staubbeutel goldgelb, leicht nickende Blütenschalen an langen Stielen.
Standort: Feuchter, aber durchlässiger, kalkarmer Boden in kühl-feuchten Lagen.
Pflege: Am besten sich selbst überlassen; sät sich an zusagenden Plätzen selbst aus.
Tipps: Schöner Begleiter zu Rhododendren, auch zusammen mit Farnen und niedrigen Gräsern; auffällige Blütenfarbe.

Weitere Art: *M. cambrica*, Gelber Scheinmohn: 30 cm, gelbe Blüten, buschige, reich blühende Wildstaude, für flächige Gehölzunterpflanzungen, sehr robust.

Indianernessel
(Monarda-Hybriden)

⬆ 80-140 cm ❋ 7-9 ○-◐

Wuchs: Große Büsche bildend, wüchsig, aufrechte, kantige Stängel, Blätter gezähnt, blaugrün, mit minzeartigem Duft.
Blüte: Violett, karmin, rosa, rot, weiß, in mehreren Quirlen übereinander sitzend.
Standort: Nährstoffreicher, humoser, gleichmäßig feuchter, aber durchlässiger Boden.
Pflege: Bei Trockenheit gießen; Rückschnitt nach der Blüte, damit sich die Blüten nicht versamen und sich die Sorten vermischen; bodennaher Rückschnitt im Herbst; alle 3-4 Jahre teilen und neu pflanzen.
Tipps: Herrliche Ergänzung der Sommerrabatte mit leuchtkräftigen Blüten, am besten verschiedene Sorten miteinander kombinieren; schön als Partner von Gräsern, Taglilien, Sonnenhut, Rittersporn, zur Unterpflanzung von lichten Gehölzen; sehr gute Schnittblume; die Sorten sind teilweise gegen Mehltau empfindlich.

Sorten: 'Beauty of Cobham': 80-100 cm, purpur-hellrosa, violette Hochblätter; 'Cambridge Scarlet': 100 cm, scharlachrot (siehe Foto rechts); 'Croftway Pink': 120 cm, rosa mit heller Blütenmitte; 'Elsie's Lavender': 120-140 cm, hell-lavendel; 'Gardenview Scarlet': 120-140 cm, tiefrot, sehr wüchsig; 'Kardinal': 100 cm, leuchtend karminrot; 'Marshall's Delight': 70-100 cm, leuchtend rosa, sehr robust gegen Mehltau; 'Prärienacht': 150 cm, purpur; 'Purple Ann': 100-120 cm, purpurrot; 'Schneewolke': 80 cm, cremeweiß; 'Scorpion': 100 cm, purpurviolett, dunkle Blütenmitte; 'Squaw': 120 cm, scharlachrot, wenig mehltauanfällig, Blüten essbar.

Katzenminze
(Nepeta × faassenii)

⬆ 25-60 cm ❋ 5-9 ○ ☞

Wuchs: Kleinbuschig, graugrüne Blätter, oval, gekerbt, duftend.
Blüte: Lavendelblau, in übereinander stehenden Quirlen, Dauerblüher, Bienen- und Schmetterlingsmagnet.
Standort: Bevorzugt durchlässigen Boden in warmen Lagen, sonst keine besonderen Ansprüche.
Pflege: Rückschnitt im Juli/August, dann fortlaufender Blütenflor; bodennaher Rückschnitt im Herbst.
Tipps: Vielseitig einsetzbar, passt sehr gut zu Rosen, Iris, Fingerstrauch *(Potentilla)*, Goldgarbe, Mädchenauge, Schleierkraut, auch für Kästen und Kübel und in Steingärten geeignet; schön in naturnahen Pflanzungen; sät sich teilweise selbst aus.

STAUDEN 83

Nachtkerze
(Oenothera tetragona, Syn.:
O. fruticosa subsp. *glauca)*

⬆ 40–70 cm ✿ 6–9 ○ ☞

Wuchs: Buschig, aufrecht, grundständige Rosetten, Blätter dunkelgrün, rote Herbstfärbung.
Blüte: Hellgelbe Schalenblüten, duftend, Einzelblüten kurzlebig, es bilden sich aber ständig neue Blüten, die sich nacheinander öffnen; Dauerblüher, Bienenweide.
Standort: Gedeiht auf jedem durchlässigen Gartenboden.
Pflege: Welke Blüten ausschneiden, vor Winternässe schützen.
Tipps: Gute Schnittblume, schöne Kontraste zwischen roten Knospen und gelben Blüten; in Rabatten zusammen mit Indianernessel, Kugeldistel, Sonnenbraut, Astern.

Sorten: 'Erica Robin': 40–50 cm, hellgelb, im Frühjahr roter Austrieb; 'Hohes Licht': 60 cm, leuchtend gelb; 'Sonnenwende': 70 cm, goldgelb.

Gedenkemein
(Omphalodes verna)

⬆ 15–20 cm ✿ 4–5 ◐–● ☞

Wuchs: Bildet Ausläufer, sehr wüchsig, bodendeckend, Blätter eiförmig, grün.
Blüte: Blau, vergissmeinnichtähnlich, in lockeren Trauben, auch weiß blühende Sorten.
Standort: Locker-humoser, kalkarmer, frischer Boden in warmen Lagen.
Pflege: Wenn Pflanze zu stark wuchert, Ausläufer mit dem Spaten abstechen; vor Schnecken schützen, im Frühjahr mit Humusdecke anreichern.
Tipps: Nur mit konkurrenzstarken Partnern zusammenpflanzen, z. B. Schaumblüte, Elfenblume, Golderdbeere; gedeiht auch noch im tieferen Gehölzschatten.

Sorten: 'Alba': 15–20 cm, weiß; 'Grandiflora': 15–20 cm, blau, großblütig.

Sorten: 'Six Hills Giant': 30–50 cm, lilablau (siehe Foto links); 'Snowflake': 25 cm, weiß, wächst ausladend, niedrig bleibend; 'Walker's Low': 60 cm, leuchtend blau, starkwüchsig und reich blühend, gute Schnittblume; 'Superba': 20 cm, lilablau, kompakte Sorte, wird auch als *N. mussinii* 'Superba' bezeichnet.

Weitere Arten: *N. cataria* 'Citriodora': 30 cm, Blätter mit Zitronenduft, blaue Blüten; *N. grandiflora:* 60–80 cm, blauviolette Blüten, grüne Blätter, Sorten: 'Bramdean': 70 cm, violettblau, kräftige, große Blütenrispen; 'Dawn to Dusk': 40–60 cm, rosa Blüten, graugrünes Laub; *N. sibirica:* 70–90 cm, leuchtend blaue Blüten an grün beblätterten Stängeln, für frische Boden, gute Schnittblume (siehe Foto rechts), Sorte: 'Souvenir d'André Chaudron': 70 cm, dunkel violettblau, starkwüchsig, Ausläufer, bevorzugt kalkarme Standorte; *N. subsessilis:* 50–60 cm, blaue Blütenstände mit großen Einzelblüten, Sorte: 'Sweet Dreams': 50 cm, rosalila Blüten.

Glatter Dost, Heidegünsel
(Origanum laevigatum)

↑ 25–40 cm ✤ 7–9 ○

Wuchs: Buschig, aufrecht, Blätter aromatisch, graugrün, dreieckig-eiförmig.
Blüte: Purpurn, in vielblütigen, von Hochblättern umhüllten Scheinquirlen, Dauerblüher, Bienenweide.
Standort: Durchlässiger, möglichst kalkhaltiger Boden in sonnig-warmen Lagen.
Pflege: Rückschnitt der Blütentriebe im Frühjahr; vor Winternässe schützen.
Tipps: Schöne Art für naturnahe Beete mit Steppencharakter, auch für den Steingarten, Schalen und Tröge.
Sorten und weitere Arten: 'Herrenhausen': 40 cm, purpurviolette Blüten an reich verzweigten Stängeln, sehr lange blühend, bis Oktober; O.-Hybride 'Rosenkuppel': 50 cm, rosarot; *O. vulgare*: 40 cm hoch, Wildform, leichte Ausläufer, alte Heil- und Gewürzpflanze.

Pfingstrose, Stauden-Päonie
(Paeonia-Lactiflora-Hybriden)

↑ 80–110 cm ✤ 5–7 ○

Wuchs: Breit horstartig, buschig, aufrecht, teilweise leicht überhängend, Blätter doppelt- bis dreizählig mit elliptischen bis lanzettlichen Teilblättern, je nach Sorte mehr oder weniger intensive Herbstfärbung.
Blüte: Weiß, rosa, rot, einfach, gefüllt oder halbgefüllt, mit mehr oder weniger ausgeprägtem Duft.
Standort: Nährstoffreicher, tiefgründiger, lehmiger Boden in sonnig-warmen Lagen.
Pflege: Pflanzung der Knollen im Herbst, höchstens mit 3 cm Erde bedecken; hohe Sorten und schwere Blüten stützen, Blüten nach der Blüte ausschneiden, Laub erst im Spätherbst zurückschneiden, im Frühjahr und Herbst düngen.
Tipps: Sehr langlebige Staude, bleibt über Jahrzehnte am einmal gepflanzten Platz; beliebte Rabattenstaude, schön in Kombination mit Rittersporn, Frauenmantel, Storchschnabel, Lupinen, Astern; giftig! Spezialgärtnereien führen sehr große Sortimente für Liebhaber.
Sorten: 'Bowl of Beauty': rosa mit gelben Staubfäden, einfach (siehe Foto rechts); 'Duchess de Nemours': weiß, gefüllt; 'Felix Crousse': karminrot, gefüllt; 'Festiva Maxima': weiß, gefüllt, intensiv duftend, gute Schnittsorte; 'Primevère': weiß/gelblich, einfach, anemonenblütig, gut duftend; 'Sarah Bernhard': hellrosa, gefüllt, duftend.
Weitere Arten: *P. lactiflora*: 80–100 cm, Wildart, große, weiß oder rosa gefärbte einfache Blüten; *P. officinalis*, Bauern-Pfingstrose: 40–60 cm, hell karminfarbene Blüten, einfach, Sorten: 'Rosea Plena': rosa, gefüllt; 'Rubra Plena': rot, gefüllt; *P. peregrina*: 60–70 cm, signalrot, einfach, Wildart für Schotterrasen und naturnahe Pflanzungen in trocken warmen Lagen; *P. tenuifolia*: 50–60 cm, blurot, einfach, sehr fein gefiedertes Laub.

STAUDEN 85

Türken-Mohn
(Papaver orientale)

⬆ 60-100 cm ✿ 5-6 ○

Wuchs: Horstartig mit sehr tiefgehender Pfahlwurzel, große, fiederteilige Blätter, stumpfgrün, dicht borstig behaart, Milchsaft führend.
Blüte: Rot, rosa, weiß, auffallende Schalenblüten mit schwarzen Staubfäden, nur sehr kurz blühend.
Standort: Durchlässige, nährstoffreiche Böden in sonnig-warmen Lagen.
Pflege: Vor Nässe im Wurzelbereich schützen; nach der Blüte kompletter Rückschnitt, dann folgt Neuaustrieb der Blätter; teilweise schwach remontierend; regelmäßig mineralisch düngen, Wurzeln vor Wühlmausfraß schützen.
Tipps: Unterschiedliche Sorten verlängern die Blühdauer; nicht in den Vordergrund einer Rabatte pflanzen, da sonst nach dem Rückschnitt unschöne Löcher zurückbleiben; wegen der leuchtenden Blüten Pflanzpartner wählen, die nicht damit konkurrieren, z. B. weiß bzw. blau blühende oder graulaubige Arten, z. B. Lavendel, Salbei, Woll-Ziest, Ochsenzunge; leicht giftig. Spezialgärtnereien führen ein großes Sortiment für Liebhaber und Sammler.

Sorten: 'Beauty of Livermere': scharlachrot (siehe Foto links); 'Black and White': weiß; 'Catharina': lachsrosa, sehr großblütig; 'Fatima': zartrosa mit dunklem Rand; 'Springtime': weißlich lachsrosa; 'Türkenlouis': leuchtend rot, stark gefranste Ränder (siehe Foto rechts).

Brandkraut, Goldquirl
(Phlomis russeliana)

⬆ 60-80 cm ✿ 6-7 ○-◐

Wuchs: Kurze Ausläufer, grundständige Blätter bilden dichten Teppich, herz- bis pfeilförmiges Laub, behaart, Stängel aufrecht.
Blüte: Gelb, zu mehreren in dichten Quirlen, zierende Fruchtstände.
Standort: Durchlässige, nährstoffreiche Böden in sonnig-warmen Lagen.
Pflege: Fruchtstände als Zierde über den Winter stehen lassen; vor Winternässe schützen.
Tipps: Für naturnahe Pflanzungen im Kiesbeet oder im großen Steingarten, als Partner von Salbei, Mädchenauge, Edeldisteln, Königskerzen.

Weitere Art: *P. tuberosa*: 30-120 cm, rosaviolette Blüten, Einzelblüten mit weißem Bart, für den sonnigen, warmen Gehölzrand, breiten sich weniger stark aus als *P. russeliana*.

Flammenblume, Stauden-Phlox
(Phlox-Paniculata-Hybriden)

Teppich-Phlox
(Phlox subulata)

↑ 80-120 cm ❋ 7-9 ○

↑ 10-15 cm ❋ 4-5 ○

Wuchs: Aufrechte Horste mit lanzettlichen, eiförmigen Blättern.
Blüte: Weiß, rosa, violett, rot, in dichten, kuppelförmigen Doldentrauben, oft duftend und mit kontrastierendem Auge.
Standort: Durchlässiger, nährstoffreicher, tiefgründiger, gleichmäßig feuchter Boden in kühleren Lagen.
Pflege: Triebe stützen, bei Trockenheit gießen, für luftigen Stand sorgen, verblühte Blütenstängel ausschneiden, im Frühjahr düngen.
Tipps: Gute Standortbedingungen sind der beste Schutz gegen Krankheiten und Schädlinge. Beliebte Bauerngartenpflanze, in Rabatten zusammen mit Rittersporn, Schafgarbe, Margeriten, Gräsern; gute Schnittblume; Spezialgärtnereien führen ein umfangreiches Sortiment für Liebhaber und Sammler.

Sorten: 'Anne': cremeweiß, großblütig und standfest; 'Barnwell': rosa mit dunklem Auge, gesund und wüchsig; 'Bright Eyes': hellrosa, dunkles Auge, duftend, große Blüten, sehr wüchsig; 'Düsterlohe': dunkelviolett, duftend; 'Eva Cullum': hellrosa, rotes Auge, rote Stängel; 'Kirmesländer': weiß, rotes Auge, spät blühend (siehe Foto rechts); 'Landhochzeit': hellrosa, rotes Auge; 'Prospero': hellviolett, weiße Mitte, stark duftend, großblütig, gesund und sehr wüchsig; 'Purpurkuppel': purpurviolett, helles Auge; 'Uspech': rotviolett mit weiß, duftend.

Weitere Arten: *P.*-Maculata-Hybriden: 80-120 cm, lange blühende, gesunde Art, Blüten in schmalen Rispen, nach 2-4 Jahren aufnehmen, teilen und neu pflanzen, Sorten: 'Delta': weiß, lilarotes Auge; 'Natascha': lilarosa/weiß, gefranste Blüten; 'Rosalinde': karminrosa.

Wuchs: Flächig wachsend, teppichartig, Blätter hell- bis frischgrün, klein, spitz-lanzettlich.
Blüte: Rosa, weiß, rot, violett, oft mit anders gefärbtem Auge, sternförmig.
Standort: Durchlässiger, schotterreicher Boden in sonnig-warmen Lagen.
Pflege: In rauen Lagen Winterschutz nötig, vor Winternässe schützen; nach der Blüte leichter Rückschnitt für kompakten Wuchs.
Tipps: Bildet dichte Blütenteppiche in Mauerfugen und Steingärten, zusammen mit Blaukissen oder Seifenblume.

Sorten und weitere Arten: 'Candy Stripes': weiß/rosa gestreift; 'Emerald Cushion Blue': hell lavendelblau; 'Scarlet Flame': scharlachrot; 'White Delight': weiß; *P. douglasii*: 5-10 cm, nadelförmige Blätter, reicher Blütenflor, Sorten: 'Crackerjack': karminrot; 'Rose Queen': hellrosa; 'White Admiral': weiß.

Lampionblume
(Physalis alkekengi var. *franchettii)*

⬆ 80-100 cm ❋ 8-9 ◐

Wuchs: Aufrecht, buschig, an zusagenden Plätzen stark wuchernd. Blätter groß, eiförmig-lanzettlich, färben sich im Herbst gelb.
Blüte: Weiß, unscheinbar, sitzen in den Blattachseln; sehr zierend sind die kräftig orange gefärbten, ballonartigen Früchte.
Standort: Sandig-humose, kalkhaltige frische Böden in sonnigen Lagen.
Pflege: Um starken Ausbreitungsdrang zu unterbinden, senkrechte Wurzelsperren aus Plastik (aus dem Fachhandel) in den Boden einbauen; Rückschnitt kurz vor dem Winter.
Tipps: Zur Begrünung größerer Flächen, z. B. unter hohen Bäumen; sehr konkurrenzstark! Die Früchte sind sehr beliebt für herbstliche Dekorationen; Stängel zum Trocknen schneiden, wenn sich die Kelche färben.

Gelenkblume
(Physostegia virginiana)

⬆ 60-80 cm ❋ 8-10 ○ ☞

Wuchs: Kriechende Rhizome, aufrechte Stängel, Blätter eirund-lanzettlich, gezähnt.
Blüte: Rosalila, an langen Blütenähren, Einzelblüten in alle Richtungen drehbar (»gelenkig«).
Standort: Anspruchslos, gedeiht in jedem Gartenboden in nicht zu warmen und trockenen Lagen.
Pflege: Bei Trockenheit gießen, Triebe stützen, regelmäßig düngen, im Frühjahr Kompost in den Boden einarbeiten.
Tipps: Wirken sehr schön in Rabatten und in Teichnähe, zusammen mit Flammenblume, Gräsern, Taglilien, Mädesüß; gute Schnittblume.

Sorten: 'Bouquet Rose': rosa; 'Summer Snow': weiß; 'Variegata': rosa mit grün-weiß gestreiften Blättern; 'Vivid': weinrot, sehr spät blühend.

Ballonblume
(Platycodon grandiflorus)

⬆ 40-50 cm ❋ 7-8 ◐

Wuchs: Aufrechte Horste bildend, teilweise standschwach, Blätter blaugrün, ledrig, am Rand gezähnt.
Blüte: Tiefblau, breite, glockenblumenähnliche Blüten, ballonförmige Knospen.
Standort: Tiefgründiger, nährstoffreicher, durchlässiger, relativ feuchter Boden.
Pflege: Triebe bei Bedarf stützen, bodennaher Rückschnitt im Spätherbst.
Tipps: Da spät austreibend, mit früh blühenden Stauden und Zwiebelblumen kombinieren, z. B. Trollblume, Jakobsleiter, Tulpen oder Hyazinthen; bei Bedarf die Pflanzstelle markieren; schön im Beet zur Blütezeit zusammen mit Storchschnabel, Rosen, Schleierkraut.

Sorten: 'Fuji Pink': 50 cm, pink; 'Fuji White': 50 cm, weiß; 'Mariesii': 40 cm, blau.

Jakobsleiter, Himmelsleiter
(Polemonium caeruleum)

↑ 60–70 cm ✿ 6–7 ○-◐

Wuchs: Horstig, längliche, gefiederte Blätter, an Leitern erinnernd.
Blüte: Himmelblau oder weiß, schalenförmig, in lockerem Blütenstand.
Standort: Bevorzugt lehmigen, durchlässigen Boden in wechselsonniger Lage.
Pflege: Verblühtes ausschneiden; nach der Blüte bodennaher Rückschnitt, dann Neuaustrieb und teilweise remontierend; vor dem Winter kompletter Rückschnitt.
Tipps: Schön in gemischten Rabatten mit Taglilien, Margeriten, Dreimasterblume, Schwertlilien; gute Schnittblume; gute Bienenweide.

Sorten und weitere Arten: 'Album': weiß; *P. caeruleum* var. *villosum*: 30–40 cm, mittelblaue Blüten, intensiv duftend, gute Nachblüte.

Salomonssiegel
(Polygonatum multiflorum)

↑ 50–60 cm ✿ 5–6 ○-● ☞

Wuchs: Bogig überhängende Triebe, Blätter waagerecht ausgebreitet, eiförmig bis elliptisch.
Blüte: Weiß, an der Spitze grünlich, glockenförmig, an den Trieben herabhangend; schwarz-blaue Beeren.
Standort: Tiefgründiger, humusreicher Boden in schattigen, kühl-feuchten Lagen.
Pflege: In Trockenzeiten gießen.
Tipps: In schattigen Wäldern heimisch, daher unter und zwischen Laubgehölze pflanzen; schön in Kombination mit Farnen, Funkien, Schaublatt; gedeiht auch im Kübel; alle Pflanzenteile sind leicht giftig.

Weitere Arten: *P.*-Hybride 'Striatum': 40 cm, dekorativ grün/weiß gestreifte Blätter; *P.* Hybride 'Weihenstephan': 90–120 cm, sehr wüchsig mit großen Blüten, schöne Herbstfärbung.

Etagen-Primel
(Primula × bullesiana)

↑ 40–50 cm ✿ 6–7 ◐-●

Wuchs: Grundständige Blattrosetten mit hoch aufragenden, aufrecht stehenden Blütenstängeln.
Blüte: Rosa, lachs, rot, violett, etagenartig in übereinanderstehenden Quirlen angeordnet.
Standort: Lockerer, humoser, frisch-feuchter Boden in luftfeuchten Lagen.
Pflege: Vor Schneckenfraß schützen, bei Trockenheit gießen, regelmäßig mit humosen Substrat überstreuen.
Tipps: Sehr schön zur Bepflanzung von Teichrändern, zusammen mit Farnen, Gräsern, Elfenblume und Rhododendron.

Weitere Arten: *P. beesiana:* 30–50 cm, Blüte purpurrot mit orangefarbenem Auge; *P. bulleyana:* 20–50 cm, orangegelbe, duftende Blüten; *P. sieboldii:* 15–20 cm, rosa-violette Blüten in üppigen Blütendolden, Pflanzen ziehen nach der Blüte ein.

Kugel-Primel
(Primula denticulata)

↕ 15–30 cm ✽ 3–5 ◐–●

Wuchs: Grundständige Rosette aus stumpf eilanzettlichen, gezähnten Blättern, die erst während der Blüte erscheinen.
Blüte: Lila, weiß, rosa, rot, in dichter, vielblütiger Blütenkugel.
Standort: Humusreicher, feuchter Boden in beschatteter Lage bevorzugt, bei genügend Feuchtigkeit auch sonnig.
Pflege: Bei Trockenheit gießen; wenn Selbstaussaat unerwünscht, die Blütenstände nach der Blüte abschneiden.
Tipps: Zur Bepflanzung von Teichrändern und lichtschattigen Beeten, als Partner von Farnen, niedrigen Gräsern, Busch-Windröschen oder Lerchensporn, auch zusammen mit anderen Primeln.

Sorten: 'Alba': weiß; 'Blaue Auslese': blau-violette Töne; 'Rubin Auslese': rote Töne.

Kissen-Primel
(Primula vulgaris)

↕ 5–10 cm ✽ 9–5 ○–◐

Wuchs: Blattrosetten mit eilänglichen, runzeligen Blättern.
Blüte: Schwefelgelb, rot, weiß, blau, rosa, in dichten Büscheln aus der Mitte der Blattrosette entspringend. Die Blüten entwickeln sich bereits im Herbst, überdauern den Winter knospig und blühen dann erneut im Frühjahr.
Standort: Frischer, durchlässiger, nährstoffreicher Boden in kühlen Lagen.
Pflege: Bei Trockenheit gießen.
Tipps: Passen gut unter lichte Gehölzgruppen, zusammen mit früh blühenden Zwiebelpflanzen. Die Samen werden durch Ameisen verbreitet. Schwach giftige Stoffe können Allergien auslösen, deshalb beim Pflanzen Handschuhe tragen.

Weitere Arten: *P. × pruhoniciana*: 5–10 cm, durch kurze Ausläufer teppichbildend, Blüten rot, weiß; *P. veris*, Schlüsselblume: 10–15 cm, heimische Art, goldgelb, duftend.

Braunelle
(Prunella grandiflora)

↕ 10–20 cm ✽ 6–8 ○–◐

Wuchs: Niedriger, kriechender Wuchs, gezähnte Blätter.
Blüte: Purpurviolett, weiß, rosa, rot, lila, Lippenblüten in dichten, reich und lange blühenden Blütenköpfen; Bienenweide.
Standort: Anspruchslos, gedeiht in jedem Gartenboden in warmen Lagen.
Pflege: Pflegeleicht, keine besonderen Ansprüche.
Tipps: Anspruchsloser Bodendecker, auch für Trockenrasen geeignet, schön in Kombination mit Zwerg-Alant, Glockenblumen, Schleierkraut.

Sorten: 'Alba': weiß; 'Rosea': rosa.

Lungenkraut
(Pulmonaria officinalis)

↑ 10-30 cm ❋ 3-5 ◐-● ☞

Wuchs: Kriechend, wüchsig, dichte Teppiche bildend, große, schmale, eiförmige Blätter, mit auffallenden silbrigen Flecken, die je nach Sorte unterschiedlich stark ausgeprägt sind.
Blüte: Rosa, blau, violett, trichterförmig, in endständigen Trauben.
Standort: Lockerer, humoser Boden, frisch bis mäßig trocken, in mäßig warmen Lagen.
Pflege: Bei Trockenheit gießen und dem Boden regelmäßig Humus zuführen; bei Bedarf Teile mit dem Spaten abstechen.
Tipps: Zur Unterpflanzung von Gehölzen, guter Bodendecker, als Partner von Salomonssiegel, anderen Lungenkraut-Arten, Taubnesseln.

Sorten: 'Cambridge Blue': blassblaue, anfangs rosa überhauchte Blüten, herzförmiges Laub; 'Sissinghurst White': rosa Knospen, entwickeln sich zu reinweißen Blüten, lange Blätter (Foto rechts); 'Mrs Moon': rot-violett, deutliche silberne Flecken auf dem Laub.

Weitere Arten: *P. angustifolia* (Syn.: *P. dacica*): 20-30 cm, blaue Blüten, rau behaartes Laub, matt dunkelgrün, lanzettlich bis schmal eiförmig, zur kleinflächigen Begrünung unter lichten Gehölzen, Sorte: 'Azurea': leuchtend blauviolett, sehr wüchsig, guter Bodendecker (Foto links); *P. rubra*: 20-30 cm, ziegelrote Blüten, reich blühend, Blütezeit 4-5, hellgrünes Laub, horstiger Wuchs.

Schaublatt
(Rodgersia podophylla)

↑ 90-150 cm ❋ 6-7 ◐-●

Wuchs: Horstartig, imposant wegen seiner großen Blätter, z. T. Durchmesser bis 50 cm, Laub 5-teilig, handförmig mit gesägten Rändern, behaart, junge Blätter bronzefarben.
Blüte: Gelblich-weiße, mannshohe Blütenrispen, überhängend.
Standort: Humoser, sehr nährstoffreicher Boden in windgeschützten, frisch-kühlen Lagen mit viel Feuchtigkeit.
Pflege: Bei Trockenheit gießen, Verblühtes abschneiden, regelmäßig düngen.
Tipps: Sehr schöne Blattschmuckstaude, in Kombination mit Farnen, Gräsern, Silberkerzen.

Sorten und weitere Arten: 'Smaragd': 150 cm, grünes Laub; *R. aesculifolia*: 70-100 cm, weiße Blüten, rosskastanienähnliches Laub.

STAUDEN 91

Sonnenhut
(Rudbeckia fulgida)

⬆ 60–80 cm ❋ 8–10 ○ ☞

Wuchs: Durch kurze Ausläufer breite Horste bildend, aufrechte Blütenstängel, Blätter länglich, leicht behaart.
Blüte: Orangegelbe Strahlenblüten mit dunkler Mitte, reich blühend.
Standort: Mittelschwerer, durchlässiger, nährstoffreicher Boden in sonnig-warmen Lagen.
Pflege: Bei Trockenheit gießen, Blütenstände als Zierde über den Winter stehen lassen.
Tipps: Schön in Kombination mit Sonnenbraut, Rittersporn, Mädchenauge, Flammenblume; gute Schnittblume.

Sorten und weitere Arten:
R. fulgida var. *sullivantii* 'Goldsturm': häufigste Sorte im Handel, große, orangegelbe Blüten; *R. laciniata:* bis über 2 m, frischgrünes Laub, hellgelbe Blüten mit hängenden Strahlenblättern, Sorten: 'Goldball': 180 cm, gelb, gefüllt; 'Goldquelle': 80 cm, zitronengelb, gefüllt; *R. nitida:* bis 2 m, ledrige, hellgrüne Blätter, große, goldgelbe Blüten mit hängenden Strahlen und grüner Mitte.

Wein-Raute
(Ruta graveolens)

⬆ 30–60 cm ❋ 5–7 ○

Wuchs: Am Grund verholzend, aromatisch duftend, Blätter blaugrün, gefiedert.
Blüte: Gelb, an locker verzweigten Blütenständen.
Standort: Warmer, durchlässiger, kalkhaltiger Boden in trocken-warmen Lagen.
Pflege: In rauen Lagen Winterschutz, vor Winternässe schützen.
Tipps: Schöner Blattschmuck im Vordergrund von Rabatten, zusammen mit Schafgarbe oder Rosen, auch als Einfassung. Die Pflanze ist giftig und kann bei längeren Berührungen zu Hautreizungen führen, daher im Umgang Handschuhe tragen.

Sorte: 'Jackman's Blue': 60 cm, gelb blühend, intensiv grün-blau gefärbte Blätter.

Garten-Salbei, Steppen-Salbei
(Salvia nemorosa)

⬆ 40–60 cm ❋ 5–10 ○

Wuchs: Kleinbuschig, aufrechte Stängel, Blätter oval-lanzettlich, runzelig, mattgrün, leicht aromatisch duftend.
Blüte: Violett, in dichten, später gelockerten Scheinähren; Bienenweide.
Standort: Nährstoffreicher, durchlässiger Boden in sonnig-warmen Lagen.
Pflege: Kompletter Rückschnitt im Juli/August, dann neuer kompakter Aufbau und Nachblüte; vor Winternässe und Schneckenfraß schützen.
Tipps: Schöne Kombinationen mit Gold-Garbe, Rosen, Mohn.

Sorten: 'Blauhügel': 40 cm, reinblau; 'Mainacht': 40 cm, dunkelviolett (siehe Foto); 'Ostfriesland': 50 cm, violettblau; 'Schneehügel': 40 cm, weiß; 'Tänzerin': 50 cm, dunkelviolett; 'Viola Klose': 40 cm, dunkelviolettblau.

Küchen-Salbei
(Salvia officinalis)

↕ 25-40 cm ❋ 7-8 ○

Wuchs: Buschiger, immergrüner, aromatisch duftender Halbstrauch, am Grunde verholzend, Blätter graugrün, elliptisch.
Blüte: Lila Lippenblütler in schlanken Scheinähren.
Standort: Trockener, durchlässiger Boden in sonnig-warmen Lagen.
Pflege: nach der Blüte Rückschnitt um ca. 2/3, damit die Pflanzen kompakt bleiben; in rauen Lagen Winterschutz erforderlich; vor Winternässe schützen.
Tipps: Alte Küchen- und Bauerngartenpflanze, zusammen mit Silber-Perlkörbchen, Rosen oder Bauern-Pfingstrosen; schön auch im Duft- und Topfgarten.

Sorten: 'Berggarten': breite, graue Blätter; 'Purpurascens': rötliche-pupurfarbenes Laub; ''Tricolor': dreifarbiges Laub, grünlich-weiß mit Rosa; 'Variegata': gelbgrünes Laub.

Heiligenkraut
(Santolina chamaecyparissus)

↕ 20-30 cm ❋ 7-8 ○

Wuchs: Reich verzweigter, immergrüner, aromatisch duftender Halbstrauch, am Grunde verholzend, Blätter länglich, fein gefiedert, silbergrau-filzig.
Blüte: Gelb, kugelige, kleine Köpfchen.
Standort: Kalkreiche, warme, durchlässige Böden.
Pflege: Rückschnitt um 2/3 nach der Blüte sorgt für kompakten Wuchs; in rauen Lagen Winterschutz.
Tipps: Schön als Blattschmuckpflanze zu Rosen, hohen Bart-Iris und Küchen-Salbei; als Beeteinfassung, auch für den Steingarten und den Topfgarten.

Sorten und weitere Arten: 'Primrose Gem': hellgelbe Blüten, wintergrün, grünlaubig; 'Pretty Caro': cremegelbe Blüten; *S. rosmarinifolia:* gelbe Blüten, grünes Laub, gut winterhart, aber vor direkter Wintersonne schützen.

Skabiose
(Scabiosa caucasica)

↕ 50-70 cm ❋ 7-9 ○

Wuchs: Horstig, aufrechte, teilweise standschwache Triebe, Blätter am Grunde lanzettlich, Stängelblätter gefiedert.
Blüte: Lilablau, auch weiße Sorten, breite Blütenköpfe mit großen Randblüten.
Standort: Bevorzugt trockene bis mäßig feuchte, durchlässige, nährstoffreiche Böden in warmen Lagen.
Pflege: Verblühtes regelmäßig ausschneiden, vor Winternässe schützen, alle 2-4 Jahre teilen und neu pflanzen.
Tipps: Schön in Kombination mit Schleierkraut, Gräsern, Schafgarbe, Mädchenauge; beliebte Schnittblume, hält aber nur begrenzt.

Sorten: 'Kompliment': dunkel lavendelfarben; 'Perfecta': blau; 'Perfecta Alba': weiß.

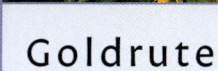

Fetthenne
(Sedum-Telephium-Hybriden)

⬆ 50–60 cm ✿ 8–10 ○ ☞

Wuchs: Aufrechte Stängel, Blätter fleischig, oval, unregelmäßig gezähnt, bläulich-grau.
Blüte: Purpurrot, in dichten Dolden am Stängelende und aus den oberen Blattachseln.
Standort: Warme, durchlässige, relativ nährstoffreiche Böden.
Pflege: Die Blütenstände sind auch während des Winters zierend, daher erst im Frühjahr abschneiden.
Tipps: Schöner Herbstblüher, als Partner von Kissen-Aster, Herbst-Anemonen, Katzenminze; gute Schnittblume.

Sorten und weitere Arten: 'Herbstfreude': rostrote, große Blütenschirme (siehe Foto); 'Matrona': dunkelrote Blüten; *S. spectabile:* ähnlich *S. telephium*, Sorten: 'Carmen: karminrosa; 'Iceberg': weiß; 'Rosenteller': dunkelrosa; *S. floriferum* 'Weihenstephaner Gold': 3–5 cm, niedrige, bodendeckende Art für den Steingarten oder sonnige Freiflächen, gelbe Blüten.

Goldrute
(Solidago-Hybriden)

⬆ 40–100 cm ✿ 9–10 ○

Wuchs: Horstige, aufrechte Triebe, lanzettliche, grün gefärbte Blätter.
Blüte: Goldgelb, in dichten, auffälligen Rispen, teilweise unangenehm duftend.
Standort: Frische bis feuchte, nährstoffreiche Böden in sonnig-warmen Lagen.
Pflege: Nach der Blüte Verblühtes ausschneiden, um unkontrollierte Versamung zu verhindern; hohe Triebe stützen; bei Trockenheit gießen, im Frühjahr mineralisch düngen.
Tipps: Schöner Partner von Glockenblumen, weiß blühenden Indianernesseln, Margeriten, Chrysanthemen.

Sorten und weitere Arten: 'Ledsham': 60 cm, zartgelb, 'Strahlenkrone': 60–70 cm, goldgelb; *S. sphacelata* 'Golden Fleece': 40 cm, dottergelb, zierlicher Wuchs mit stark verzweigten Rispen über grundständigem Blattschopf.

Woll-Ziest, Eselsohr
(Stachys byzantina)

⬆ 10–40 cm ✿ 6–7 ○

Wuchs: Durch Ausläufer teppichbildend, Blätter dicht silbrig-filzig, grau, breit-oval.
Blüte: Rosafarbene Lippenblüten, eher unscheinbar, an aufrechten Blütenständen, grau-filzig ummantelt.
Standort: Kalkhaltiger, warmer, durchlässiger Boden in trocken-warmen Lagen.
Pflege: In rauen Lagen vor Kälte und Winternässe schützen, verblühte Stängel abschneiden.
Tipps: Sehr schöner Bodendecker durch die helle Laubfärbung, als Begleiter zu Rosen, Lavendel, Katzenminze, Gräsern.

Sorte: 'Silver Carpet': 20 cm, nicht oder nur wenig blühende Auslese.

Großblütiger Ziest
(Stachys grandiflora)

⬆ 40-50 cm ✿ 7-8 ☉-◐

Wuchs: Dichtbuschig, horstig, Blätter herzförmig, runzelig, dunkelgrün.
Blüte: Purpurrosa Lippenblüten, in dichten Quirlen.
Standort: Humusreicher, frischer, nährstoffreicher Boden, in sonnigen, ausreichend feuchten Lagen.
Pflege: Verblühtes ausschneiden, bei Trockenheit gießen.
Tipps: Schöner Begleiter zu Flammenblume, Glockenblumen, für naturnahe Pflanzungen; gute Schnittblume.

Sorten und weitere Arten:
'Superba': purpurrosa, großblütig (siehe Foto); *S. monnieri*: 25-30 cm, dunkelrosa Blüten mit guter Fernwirkung, Sorten: 'Hummelo': lila; 'Rosea': rosa.

Beinwell
(Symphytum grandiflorum)

⬆ 20-30 cm ✿ 4-5 ◐

Wuchs: Starke Ausläufer bildend, flächig wachsend, Blätter eiförmig, rauhaarig.
Blüte: Rahmgelb, auch blau und rosa blühende Sorten, nickend, röhrenförmig, in Büscheln.
Standort: Feuchte, nährstoffreiche, humose Lehmböden in kühlfeuchten Lagen.
Pflege: Bei Trockenheit gießen, sonst keine besonderen Ansprüche.
Tipps: Robuster, stark wachsender Bodendecker, hält auch Unkraut in Schach, nur mit konkurrenzstarken Partnern kombinieren, z.B. Kaukasus-Vergissmeinnicht, Elfenblume.

Sorten und weitere Arten:
'Blaue Glocken': blau; 'Hidcote Blue': weiß; 'Miraclum': blau, rosa, weiß; 'Goldsmith': panaschiertes Laub; *S. azureum*: 30-50 cm, azurblaue Blüten, nur zur flächigen Begrünung großer Flächen, sehr wüchsig.

Bunte Frühjahrs-Margerite
(Tanacetum coccineum)

⬆ 70-90 cm ✿ 5-7 ☉

Wuchs: Niedrige Blatthorste mit aufrechten Blütenstängeln, Blätter gefiedert, frischgrün, aromatisch duftend.
Blüte: Rosa, rot, weiß mit gelber Mitte, große Strahlenblüten.
Standort: Bevorzugt frischen, durchlässigen, nicht zu nährstoffreichen Boden in warmen Lagen.
Pflege: Alle 3-4 Jahre aufnehmen, teilen und neu pflanzen, Verblühtes regelmäßig ausschneiden.
Tipps: Schön in rosa- oder purpurfarbenen Rabatten, z.B. mit Schleierkraut, Rittersporn, Ehrenpreis; sehr gute und beliebte Schnittblume.

Sorten: 'Robinson's Rosa': rosa; 'Robinson's Rot': rot.

STAUDEN 95

Wiesenraute
(Thalictrum aquilegifolium)

↕ 90-120 cm ❋ 6-7 ◐

Wuchs: Buschig, lockerstrauchig, Blätter akeleiähnlich.
Blüte: Lila bis lila-rosa, flauschig-fedriges Aussehen, in zarten, lockeren Blütenrispen.
Standort: Frischer bis feuchter, humoser, kalkhaltiger, lehmiger Boden in frischen Lagen.
Pflege: Bei Trockenheit gießen, bei Bedarf Triebe stützen.
Tipps: Für naturnahe Wiesenpflanzungen, an Gehölzsäumen, zusammen mit Mädesüß, Taglilien, Jakobsleiter, Gräsern, Schwertlilien; gute Schnittblumen.

Sorten und weitere Arten: 'Thundercloud': 80-90 cm, lila, kompakter Wuchs; *T. delavayi*: 120-150 cm, hochwüchsig mit schmalen, violettrosa Blütenrispen und zierlichen Akelei-Blättern, bevorzugt relativ nährstoffreichen Boden; *T. flavum* subsp. *glaucum*: 130-180 cm, hellgelbe Blüten und blaugrüne Blätter, sehr anspruchslos und anpassungsfähig.

Schaumblüte
(Tiarella cordifolia)

↕ 15-25 cm ❋ 4-5 ◐-●

Wuchs: Dichte Teppiche bildend, kriechender Wuchs, Blätter hellgrün, breit-eiförmig, am Rand gesägt, rötlich-bronzefarbene Herbstfärbung.
Blüte: Weiße Blütentrauben, sehr reich blühend, über dem Laub stehend.
Standort: Sehr lockere, humose, frisch-feuchte Böden in kühl-schattigen Lagen.
Pflege: Vor Winternässe schützen, gelegentlich Boden mit Humus und Laubkompost anreichern.
Tipps: Für flächige, naturnahe Pflanzungen im Schatten, schön zu Elfenblume, Waldmarbel, Lungenkraut.

Sorten: 'Eco Rambling Silhouette': weiß, schöne Blattzeichnung; 'Moorgrün': weiß, kleiner bleibend, starkwüchsig; 'Oakleaf': weiß-rosa, eichenblattähnliche, dunkelgrüne Blätter.

Dreimasterblume
(Tradescantia-Andersoniana-Hybriden)

↕ 30-50 cm ❋ 6-9 ○-◐

Wuchs: Horstig, breit grasartiges Laub, leicht überhängend.
Blüte: Lila, rosa, rot, weiß, blau, mit 3 Blütenblättern, am Stängelende und in den oberen Blattachseln; die Einzelblüten sind nur kurz geöffnet, doch es folgen laufend neue.
Standort: Bevorzugt feuchten, nährstoffreichen Boden in sonniger Lage.
Pflege: Blüten nach dem ersten Flor ausschneiden, um unerwünschte Versamung zu verhindern, frische Austriebe vor Schneckenfraß schützen, bei Trockenheit gießen.
Tipps: Schöne Kombinationen mit Gräsern, Schwertlilien, Frauenmantel, Taglilien, Jakobsleiter.

Sorten: 'I. C. Weguelin': himmelblau; 'Innocence': weiß; 'Karminglut': violettrot (siehe Foto); 'Zwanenburg Blue': tiefblau.

Trollblume
(Trollius chinensis)

↕ 60-80 cm ❀ 6-7 ○

Wuchs: Horstig, buschig, Blätter tief geteilt, saftig grün, ziehen bereits kurz nach der Blüte wieder ein.
Blüte: Orangegelb, große kugelförmige Schalenblüten.
Standort: Lehmig-humoser, relativ nährstoffreicher Boden in frisch-feuchten Lagen.
Pflege: Kompletter Rückschnitt nach der Blüte, um 2. Blüte im Herbst zu fördern, bei Trockenheit gießen.
Tipps: Schön an Teich- und Bachrändern, für naturnahe Pflanzungen zusammen mit Dreimasterblume, Jakobsleiter, Schwertlilien, Frauenmantel.
Sorten und weitere Arten: 'Golden Queen': gelborange, große Blüten, (siehe Foto); *T. europaeus:* 50 cm, leuchtend gelbe, kugelige Blüten, heimische, geschützte Art, für Teichränder; *T.* Hybriden: 'Earliest of All': 60 cm, hellgelb, für beetstaudenähnliche Pflanzungen; 'Lemon Queen': 60 cm, zitronengelb; 'Orange Globe': 70 cm, orangegelb.

Ehrenpreis
(Veronica longifolia)

↕ 70-80 cm ❀ 7-8 ○-◐

Wuchs: Horstig, aufrechte Stängel, Blätter lanzettlich, sehr lang zugespitzt, scharf gesägt.
Blüte: Blau, in dichten, verzweigten Blütenständen.
Standort: Tonige, lehmige, kalkarme, relativ nährstoffreiche Böden in feuchten Lagen.
Pflege: Rückschnitt der Blütenstände nach der Blüte, bei Trockenheit gießen, regelmäßig düngen.
Tipps: Schön in Teichnähe, aber auch für Beetpflanzungen mit Rosen, Trollblume, Flammenblume, Taglilien.
Sorten und weitere Arten: 'Blauriesin': blau; 'Pink Damsk': rosa; 'Schneeriesin': weiß; *V. spicata:* 30 cm, aufrecht wachsend, weiße oder blaue Blüten; *V. gentianoides:* 30-50 cm, hellblaue Blüten, dunkles Laub.

Kleines Immergrün
(Vinca minor)

↕ 10-15 cm ❀ 4-5 ◐

Wuchs: Lange, niederliegende Triebe, die Wurzeln bilden, teppichbildend, Blätter lederartig, dunkelgrün, glänzend, breit-lanzettlich.
Blüte: Blauviolett, hellblau, sternförmig, an kurzen, aufrechten Trieben.
Standort: Lockerer, nährstoffreicher, frisch-feuchter Boden.
Pflege: Bei Trockenheit gießen, sonst anspruchslos.
Tipps: Schöner, wüchsiger Bodendecker, nur mit konkurrenzstarken Pflanzen kombinieren, z.B. Funkien, Schaublatt, Beinwell, Golderdbeere, Elfenblumen, Busch-Windröschen.
Sorten: 'Alba': weiß; 'Bowles': dunkelblauviolett; 'Gertrude Jekyll': weiß; 'Rubra': violettrot.

STAUDEN 97

Duft-Veilchen
(Viola odorata)

⬆ 10–15 cm ✿ 3–5 ○-◐ ☞

Wuchs: Horstig mit kriechendem Wurzelstock, mit der Zeit dichte Teppiche bildend, Blätter breit-eiförmig, am Grund herzförmig.
Blüte: Purpurviolett, intensiv duftend, typische Veilchenblüte.
Standort: Frischer, lockerer Boden in warmen Lagen.
Pflege: Anspruchslos, ungestört wachsen lassen.
Tipps: Sehr guter Bodendecker für lichtschattige Plätze, zusammen mit Busch-Windröschen, Kissen-Primeln, Schneestolz, Lerchensporn; Ameisen tragen die Samen umher und verbreiten so die Veilchen im Garten.

Sorten und weitere Arten:
'Königin Charlotte': blauviolett, sehr reich blühend, Rückschnitt nach der Blüte führt zu Nachblüte im Herbst (9–10).

Waldsteinie, Golderdbeere
(Waldsteinia geoides)

⬆ 20–30 cm ✿ 4–5 ◐ ☞

Wuchs: Kurze Rhizome, horstig, Blätter herz-nierenförmig, 3- bis 5-zählig, tief gezähnt, im Austrieb frischgrün, später dunkelgrün.
Blüte: Gelb, schalenförmig, auf verzweigten Blütenstielen.
Standort: Lockere, humose, nährstoffarme Böden in warmen Lagen, auch Trockenheit vertragend.
Pflege: Ab und zu Erde mit Humus anreichern, bei längeren Trockenzeiten gießen.
Tipps: Zur kleinflächigen Bodenbegrünung oder in kleinen Horsten in gemischten Pflanzungen mit Vergissmeinnicht, Funkien, Lungenkraut, Immergrün.

Weitere Art: *W. ternata*: 10–15 cm, bildet durch oberirdische Ausläufer dichte Teppiche, sehr konkurrenzstark, wüchsig.

Palmlilie
(Yucca filamentosa)

⬆ 80–180 cm ✿ 7–9 ○-◐

Wuchs: Sukkulente, palmenähnliche Pflanze, Blätter schmal, schwertförmig, mit harter Spitze, am Rande mit derben, sich lösenden Fäden, in einer Rosette am Boden, aus der sich der hohe Blütenstand erhebt.
Blüte: Weiß, glockig, hängend, leicht duftend, in ornamentaler Rispe.
Standort: Kalkhaltiger, gut durchlässiger Boden in warmen bis heißen, trockenen Lagen.
Pflege: Vor Winternässe und Wintersonne schützen.
Tipps: Braucht einige Jahre bis zur vollen Entwicklung und ersten Blüte; gut als Begleitpflanzen zu z. B. Berg-Aster, Fetthenne, Lavendel.

Weitere Art: *Y. flaccida* 'Golden Sword': Blätter mit breitem, gelbem Streifen in der Mitte, hübscher Blattschmuck.

Moskitogras
(Bouteloua gracilis)

↑ 15-20/40 cm ❀ 7-9 ○

Wuchs: Dicht stehende, aufrechte Halme, schmale, leicht überhängende Blätter, bräunlichgrün.
Blüte: Bräunlich, waagerecht abstehende, behaarte, schotenähnliche Ährchen an dünnen Halmen.
Standort: Durchlässiger, kalkhaltiger, mäßig nährstoffreicher Boden in warmen, trockenen Lagen.
Pflege: Pflanzung im Frühjahr, Rückschnitt erst im zeitigen Frühjahr.
Tipps: Auffällig durch den ungewöhnlichen Blüten- bzw. Fruchtschmuck, die Ährchen wirken wie kleine Fischchen; sehr trockenheitsverträglich.

Reitgras, Garten-Sandrohr
(Calamagrostis × acutiflora)

↑ 50-60/150 cm ❀ 7-8 ○

Wuchs: Horstig, früher Austrieb, straff aufrechte, verzweigte Blütenrispen, gelbe Herbstfärbung.
Blüte: Gelbbraun, während der Blütezeit weit gefächerte Rispen, die sich anschließend ährenartig zusammenlegen und vergilben.
Standort: Feuchter, humoser Boden in sonniger Lage.
Pflege: Im Frühjahr pflanzen; die Blütenstände erst im März zurückschneiden.
Tipps: Sehr schöne Aspekte über das ganze Jahr; gut für lichte Gehölzränder und Rabatten, als Partner von Astern, Sonnenbraut, Sonnenhut; verträgt auch Hitze und Trockenheit sehr gut.

Sorten: 'Karl Foerster': gelbbraune Blütenstände, frühe Blüte; 'Overdam': gelbbraun, kompakt und besonders standfest, weißgestreifte Blätter; 'Waldenbuch': gelbbraun, kompakt und sehr standfest.

Diamantgras
(Calamagrostis brachytricha, Syn.: Achnatherum brachytricha)

↑ 50-60/100 cm ❀ 9-11 ○

Wuchs: Stattliches Gras, straff aufrecht wachsend, horstig, dichte Rasen bildend, blaugrüne, silbrig glänzende Blätter.
Blüte: Erst gelblich-weiß, später bräunlich färbend, an verzweigten und ausgebreiteten, großen Rispen; lange Schmuckwirkung.
Standort: Durchlässiger, schotterreicher, mäßig nährstoffreicher Boden in warmen Lagen.
Pflege: Beste Pflanzzeit ist im Frühjahr; Blütenstände erst im Frühjahr zurückschneiden.
Tipps: Filigraner Partner zu Spornblume oder Pyrenäen-Aster; Ähren geschnitten sehr lange haltbar.

Sorte: 'Lemperg': kompakt, Ähren besonders lange haltbar.

Braunrote Segge
(Carex buchananii)

Wald-Schmiele
(Deschampsia cespitosa)

Blau-Schwingel
(Festuca cinerea, Syn.: F. glauca)

↑ 20-30/50 cm ❋ 7 ☼-◐ | ↑ 40-50/120 cm ❋ 6-7 ◐ | ↑ 15-20/35 cm ❋ 7-8 ☼

Wuchs: Horstig, ganzjährig rötlich-braune sehr feine und bogig überhängende Blätter.
Blüte: Unscheinbar.
Standort: Durchlässige, humose, mäßig nährstoffreiche Böden in warmen Lagen.
Pflege: Pflanzung im Frühjahr; in rauen Lagen Winterschutz erforderlich, Rückschnitt erst im zeitigen Frühjahr.
Tipps: Aufgrund der ungewöhnlichen Laubfärbung beliebte Blattschmuckpflanze, passt gut zu flachen Bodendeckern, z.B. Stachelnüsschen.

Weitere Arten: *C. elata* 'Bowles Golden': 40-60/70 cm, braune Blüten, Blätter goldgelb mit grünem Rand, bogig überhängend, Blattschmuckpflanze, für schöne Akzente zusammen mit rotlaubiger Schaumblüte; *C. morrowii* 'Variegata': Japan-Segge, 40/50 cm, bräunlichgelbe Blüten, dunkelgrüne Blätter mit weißen Streifen an den Rändern, Immergrün, daher schöner Blattschmuck für das ganze Jahr.

Wuchs: Dichte, feste Horste, Blätter überhängend, scharf gekielt, oberseits rau.
Blüte: Goldbraun, in ausladenden Rispen, die erst grünlich wirken und sich dann gelb färben.
Standort: Benötigt frischen bis feuchten Boden in lichtschattigen Lagen.
Pflege: Blütenstände nach der Blüte ausschneiden, um unkontrollierte Versamung zu vermeiden.
Tipps: Schön in Staudenpflanzungen zusammen mit Gehölzen; Blütenrispen sind gut zum Schnitt; günstig ist es, Sorten mit unterschiedlichen Blütezeiten für eine insgesamt längere Blütezeit zu wählen.

Sorten: 'Bronzeschleier': goldbraun, früh blühend; 'Goldschleier': hellgelb; 'Tardiflora': hellbraun, reich blühend, kompakt.

Wuchs: Halbkugelige Büsche, horstig, sehr schmale, blaugrüne Blätter.
Blüte: Graugrün, in lockeren, aufrechten, schlanken Rispen, färben sich im Verblühen braun.
Standort: Gut durchlässiger, humus- und nährstoffarmer Boden in trockenen, vollsonnigen Lagen.
Pflege: Schutz vor Nässe im Sommer und im Winter, Horste im Frühjahr ausputzen; das Gras vergrünt auf zu nährstoffreichen Plätzen.
Tipps: Einzeln oder auf trockenen Standorten auch in Gruppen pflanzen, zusammen mit Glockenblumen, Hornkraut, Woll-Ziest.

Sorten und weitere Arten: 'Eisvogel': 20-25/35 cm, silberne Blüten, kompakt; 'Elijah Blue': 30-35/40 cm, intensiv silber-bläuliche Laubfärbung; *F. mairei*, Atlas-Schwingel: 40-50/100 cm, kugelig wirkende, graugrüne, Horste, Blätter und Blüten überhängend.

Gold-Berggras, Japan-Waldgras
(Hakonechloa macra 'Aureola')

↑ 20-30/50 cm ❊ 8-10 ○-◐

Wuchs: Horstig, Halme leicht überhängend, breites, gelb gestreiftes Laub, das sich im Herbst goldgelb färbt.
Blüte: Grünliche, locker überhängende Blütenrispen.
Standort: Humoser, frischer Boden in warmen, geschützten Lagen.
Pflege: Winterschutz notwendig, z.B. mit angehäufeltem Laub, Rückschnitt erst im Frühjahr.
Tipps: Setzt mit seinem farbigen Laub schöne Akzente in halbschattigen Gartenbereichen; schöne Blattschmuckpflanze, passt gut zu blauen Funkien und Elfenblumen.

Blaustrahlhafer
(Helictotrichon sempervirens)

↑ 30-40/100 cm ❊ 7-8 ○

Wuchs: Dicht, horstig, wintergrün, bläulich-graugrüne, bereifte Blätter.
Blüte: Gelbliche Blütenrispen, weit über dem Laub stehend, überhängend.
Standort: Durchlässiger, humoser, nährstoffarmer Boden in trockenwarmen Lagen.
Pflege: Pflanzung im Frühjahr, Blütenrispen nach der Blüte abschneiden, Laub erst im Frühjahr entfernen, vor Winternässe schützen.
Tipps: Für Beete in vollsonnigen Lagen mit Steppencharakter, dabei die Pflanzen nicht zu dicht setzen.

Sorte: 'Saphirsprudel': gelbliche Blüten, leicht überhängend, sehr gesund.

Wald-Marbel
(Luzula sylvatica)

↑ 15-20/60 cm ❊ 5-6 ◐

Wuchs: Lockere Horste, bildet durch kurze Ausläufer mit der Zeit größere Matten, Blätter lineal, dunkelgrün, glänzend, wintergrün, früh austreibend.
Blüte: Bräunlich, rundlich, in stark verzweigten, büscheligen Blütenständen.
Standort: Humoser, feuchter Boden in frisch-kühlen Lagen.
Pflege: Bei Trockenheit gießen, vor Wintersonne schützen.
Tipps: Heimische Waldpflanze, wirkt schön in schattigen Bereichen zwischen Gehölzen; passt gut zu Farnen und Schattenstauden, auch als Bodendecker einsetzbar.

Sorten: 'Marginata': 20-40/60 cm, bräunliche Blüten, Blätter gelblich-weiß gerandet; 'Tauernpass': 25-40/60 cm, bräunliche Blüten, breitblättrig; 'Wintergold': 25-30/50 cm, bräunliche Blüten, Laub färbt sich im Winter gelb.

GRÄSER 101

Wimper-Perlgras
(Melica ciliata)

↑ 20–30/60 cm ✽ 5–6 ○

Wuchs: Horstig, Blätter meist längs eingerollt, graugrün.
Blüte: Silbrig weiß, später blassgelb, in walzenförmigen, leicht überhängenden Blütenähren.
Standort: Durchlässige, kalkhaltige, humose und nährstoffarme Böden in trocken-warmen Lagen.
Pflege: Rückschnitt der Blütentriebe, um zu starke Selbstaussaat zu vermeiden; Horste im Frühjahr ausputzen; sonst keine Pflege.
Tipps: Wunderbar für naturnahe Pflanzungen mit Steppencharakter oder Steingärten, z. B. zusammen mit Bart-Iris oder Astern.

Chinaschilf
(Miscanthus sinensis)

↑ 90–200/140–220 cm ✽ 7–11 ○

Wuchs: Üppige Horste mit aufrechten, straffen Halmen, überhängende, breite Blätter, sie sich im Herbst oft gelb färben.
Blüte: Silbrig, in fedrigen dichten Rispen; manche Sorten blühen in unseren Breiten nicht oder nur spärlich.
Standort: Frische bis feuchte, durchlässige, nährstoffreiche Böden in warmen Lagen.
Pflege: Wegen der Winterzierde die Horste erst im Frühjahr zurückschneiden.
Tipps: Imposante Solitärgräser für üppige Rabatten.

Sorten: 'Gracillimus': 130–150/140–180 cm, blüht meist nicht, sehr schmale, überhängende Blätter; 'Graziella': 140–170/190 cm, silberrosa Blüten, schmales Laub, überhängend; 'Kleine Fontäne': 110–120/140–160 cm, silbrige Blüten, grazil, feinhalmig, frühe Blüte; 'Malepartus': 170–200/220 cm, silbrig-rot blühend, leuchtende rotbraune Herbstfärbung; 'Variegatus': 140–170/200 cm, selten blühend, Blätter längs weiß gestreift, straffer Wuchs.

Pfeifengras
(Molinia caerulea)

↑ 25–40/50–100 cm ✽ 7–10 ○–◐

Wuchs: Dicht, horstig, aufrechte, schlanke Triebe, dunkelgrünes Laub, färbt sich im Herbst leuchtend gelb.
Blüte: Bräunlich, in duftigen, stark verzweigten Rispen auf locker überhängenden Halmen; sehr lange Blütezeit.
Standort: Feuchte, durchlässige, leicht saure, nährstoffarme Böden.
Pflege: Frühjahrspflanzung ist zu empfehlen; bei Trockenheit gießen; Halme bis zum Frühjahr stehen lassen, erst dann Rückschnitt.
Tipps: Leuchtende Herbstfärbung, schön zu Astern; sehr gutes Schnittgras.

Sorten und weitere Arten: 'Edith Dudszus': 40/100 cm, braunschwarz, starkwüchsig; 'Moorhexe': 40/60 cm, braunschwarz, straff aufrecht wachsend, 'Variegata': 30/50 cm, schwarzbraun, grün-weißes Laub; *M. arundinacea*: 50–60/170, stattliches Solitärgras für lockere, kiesig-tonige Böden, Sorte: 'Fontäne': 50–60/180 cm, gelblichgrün, schmales Laub, überhängende Rispen.

Ruten-Hirse
(Panicum virgatum)

⬆ 60–80/100–120 cm ✿ 8–9 ○

Wuchs: Horstig, kompakt, straff aufrecht, teilweise standschwach, Blätter lineal, schmal, bereits im Spätsommer mit gelbbrauner, bei vielen Sorten rotbrauner, Herbstfärbung.
Blüte: Rundlich, sehr klein, in stark verzweigten, duftigen, schleierförmigen Rispen.
Standort: Sandig-lehmiger bis lehmiger, mäßig trockener bis feuchter Boden in sonnig-warmen Lagen.
Pflege: Bei Trockenheit gießen; Horste erst im Frühjahr zurückschneiden.
Tipps: Sehr schön in Rabatten zusammen mit Kissen-Astern oder Fetthenne; die Sorten sind zu bevorzugen, da standfester als die Art.
Sorten: 'Hänse Herms' (= 'Rotstrahlbusch'), leuchtend rote Herbstfarbe, 60–80/100 cm; 'Rehbraun', im Herbst kupferfarben, 70–80/120 cm.

Federborstengras, Lampenputzergras
(Pennisetum alopecuroides)

⬆ 20–50/60–100 cm ✿ 8–11 ○

Wuchs: Halbkugelförmige, in die Breite wachsende Horste, lange, bogig überhängende Blätter, frischgrün, im Herbst gelblich.
Blüte: Rotbraun, sehr klein, lang begrannt, in zylindrischen Ähren an aufrechten bis überhängenden Halmen.
Standort: Nährstoffreiche, nicht zu trockene bis mäßig feuchte Böden.
Pflege: Ausreichend wässern und gelegentlich düngen. Rückschnitt wegen der schönen Winterwirkung erst im Frühjahr; in den ersten Jahren ist Winterschutz nötig.
Tipps: Auffallend schöne Wuchsform, die sich gut im Beet oder als Blickfang zusammen mit Astern und gelb blühenden Hochsommer- und Herbstblühern verwenden lässt.
Sorten: 'Hameln', kompakte, früh und sehr reich blühende Sorte, 20–30/60 cm.

Riesen-Federgras
(Stipa gigantea)

⬆ 50–60/180 cm ✿ 6–8 ○

Wuchs: Dichte, große Horste mit straff aufrechten Halmen, in geschützten Lagen immergrün, sonst wintergrün, Blätter schmal, blaugrün.
Blüte: Goldgelb, lang begrannt, in bis 50 cm langen, stark verzweigten Rispen.
Standort: Durchlässiger, trockener, kalkreicher Boden in sonnig-warmen Lagen.
Pflege: Pflanzung nur im Frühjahr; vor Winternässe schützen, Rückschnitt erst im zeitigen Frühjahr.
Tipps: Wirkungsvolles Solitärgras für Steppenbeete, zusammen mit Alant, Salbei, Lein; Blütenrispen für den Schnitt geeignet.
Weitere Arten: *S. capillata*: 30/80 cm, dichte, graugrüne Horste mit steifen, silbrigen Blütenrispen; *S. pulcherrima*: 30/80 cm, lockere Horste mit bogig überhängenden, silbrig begrannten Blütenrispen; im Handel oft als *S. barbata*.

Pfauenradfarn
(Adiantum pedatum)

↕ 40–50 cm ◐–●

Wuchs: Langsam kriechende Rhizome, Wedel an hohen, drahtigen, schwarz gefärbten Stielen, früh austreibend.
Blatt: Fächerförmig, hellgrün, im Herbst goldgelb gefärbt.
Standort: Frischer, humoser, kalkarmer Boden an luftfeuchten, geschützten Plätzen.
Pflege: Junge Pflanzen in rauen Lagen Winterschutz geben; altes Laub im Herbst oder Vorfrühling entfernen.
Tipps: Wirkt sehr zierlich und elegant; schön im lichten Schatten von Gehölzen, auch in schattigen Steingärten, zusammen mit Rhododendren, Elfenblume, Schaumblüte.

Weitere Art: *A. venustum:* 25 cm, Wedel an schwarzen, gebogenen Stielen, hellgrün mit bräunlichem Austrieb, leichter Winterschutz erforderlich.

Hirschzungenfarn
(Asplenium scolopendrium, Syn.: *Phyllitis scolopendrium)*

↕ 30–60 cm ◐–●

Wuchs: Kurze Rhizome, Wedel trichterartig angeordnet, ledrig, wintergrün.
Blatt: Glänzend dunkelgrün, ungefiedert, länglich-lanzettlich, 4–8 cm breit, leicht gewellt; die Sporenhaufen bilden dicke braune Streifen auf den Blattunterseiten.
Standort: Durchlässiger, humusreicher, kalkhaltiger Boden.
Pflege: Im Herbst mit Laub aufschütten, dieses auch im Frühjahr nicht entfernen; vorjährige Blätter an der Pflanze belassen.
Tipps: Schöner Nachbar zu Gehölzen, etwa Rhododendren, lässt sich auch im schattigen Steingarten und in Mauerfugen verwenden.

Sorte: 'Crispa': ähnlich der Art, aber mit deutlich gewellten Blättern.

Frauenfarn
(Athyrium filix-femina)

↕ 50–90 cm ◐–●

Wuchs: Locker überhängende Wedel, wüchsige, trichterförmige Horste.
Blatt: Doppelt bis dreifach gefiedert, hellgrün mit rötlich gefärbten Mittelrippen, 15–20 cm breit.
Standort: Feuchte, humusreiche, nicht zu kalkhaltige Böden in frisch-kühlen Lagen.
Pflege: Anspruchslos; für ausreichend Feuchtigkeit nach der Pflanzung sorgen; welkes Laub im Herbst oder Frühjahr entfernen.
Tipps: Schafft Waldatmosphäre, schön in Verbindung mit Wasser, auch für schattige Gräber.

Sorten und weitere Arten: 'Multifidum': 80–100 cm, gekräuselte Wedel; *A. niponicum,* Regenbogenfarn: 40–50 cm, kriechender Wurzelstock, Wedel unregelmäßig in Büscheln angeordnet, mattgrün mit rötlich-purpur gefärbten Rippen und Adern, Sorten teilweise mit metallisch wirkendem Glanz.

Wurmfarn
(Dryopteris filix-mas)

⬆ 80–120 cm ◐–●

Wuchs: Horstig, mit üppigen, trichterförmig angeordneten Wedeln, bräunlicher Austrieb.
Blüte: Doppelt gefiederte, bis 20 cm breite Wedel, oberseits dunkelgrün, unterseits heller.
Standort: Locker-humoser, nährstoffreicher, kalkarmer Boden in feuchten Lagen.
Pflege: Schutz vor austrocknenden Winden, bei Trockenheit gießen, abgestorbenes Laub entfernen.
Tipps: Sehr schön in naturnahen Wildstaudenpflanzungen mit Gräsern; bei ausreichender Bodenfeuchte auch in sonnigen Lagen verwendbar.
Sorten und weitere Arten: 'Barnesii': gekräuselte Wedel; 'Crispatissima': gedrungene Form mit stark gekräuselten Wedeln; *D. erythrosora*, Rotschleierfarn: 30–50 cm, lockerwüchsig, robust, dunkelgrüne, 2-fach gefiederte Wedel, wintergrün, auch für den Schnitt geeignet.

Straußfarn, Trichterfarn
(Matteuccia struthiopteris)

⬆ 80–120 cm ◐–●

Wuchs: Durch starke Ausläuferbildung wuchernd, in älteren Beständen oft flächendeckend; aufrechte Rhizome, bei älteren Pflanzen bis 15 cm aus dem Boden ragend.
Blatt: Hellgrün, schlanke, aufrechte Laubtrichter bildend; die Sporen tragenden Wedel erscheinen ab August in der Mitte des Blatttrichters, sind oliv, später braun gefärbt.
Standort: Lockere, humus- und nährstoffreiche, tonige, kalkarme Böden.
Pflege: Bei Trockenheit gießen, welkes Laub im Frühjahr entfernen; bei Bedarf vor der Pflanzung Rhizomsperre in den Boden einbauen.
Tipps: Zur Begrünung großer Flächen, in Waldgärten und in Gewässernähe, sehr schön in Kombination mit Rhododendren.

Perlfarn
(Onoclea sensibilis)

⬆ 40–80 cm ◐

Wuchs: Starke Ausläufer aus verzweigten Rhizomen, aufrechte bis überhängende Wedel, die nach dem ersten Frost absterben.
Blatt: Lichtgrün, lang gestielt, einfach gefiedert, die breiten Fiedern tief gelappt, schöne gelbrote Herbstfärbung.
Standort: Feuchter, nährstoffreicher, lehmig-humoser und kalkarmer Boden, bei ausreichend Feuchtigkeit auch Sonne vertragend.
Pflege: Austrieb vor Spätfrösten schützen, welkes Laub im Frühjahr entfernen; bei Bedarf vor der Pflanzung Rhizomsperre in den Boden einbauen.
Tipps: Beansprucht mit der Zeit große Flächen für sich, schön in Verbindung mit Wasser und als Unterpflanzung von großen Rhododendren.

Königsfarn
(Osmunda regalis)

⬆ 120–150 cm ◐

Wuchs: Mächtiger Farn mit faserigen, sich ausbreitenden Wurzeln, kann sehr alt werden.
Blüte: Hell- bis gelbgrün, sehr groß, doppelt gefiedert, die Sporenwedel goldbraun, deutlich schlanker und niedriger; intensiv gelbe Herbstfärbung.
Standort: Kalkarmer, feuchter bis nasser Boden, bevorzugt wintermilde Lagen.
Pflege: Anspruchslos, in Ruhe wachsen lassen.
Tipps: Ein Farn für Solitärstellung in Wassernähe oder in lockeren Gruppen am Gehölzrand; bei uns heimisch und steht unter Naturschutz.

Weitere Art: *O. cinnamomea,* Zimtfarn: 90–120 cm, dunkelgrüne Wedel, trichterförmig angeordnet, nicht heimisch.

Tüpfelfarn
(Polypodium vulgare)

⬆ 20–40 cm ○-●

Wuchs: Kriechende Rhizome, aufrechte Stängel, Wedel leicht überhängend, wintergrün.
Blatt: Oberseits dunkelgrün, unterseits etwas heller, einfach gefiederte Wedel mit breiten Fiedern.
Standort: Durchlässiger, humoser, saurer Boden in feuchten Lagen; nicht an windausgesetzten Stellen pflanzen.
Pflege: Bei Trockenheit gießen, in Ruhe wachsen lassen.
Tipps: Sehr anpassungsfähig und robust, schön auch in Trögen und in Mauerfugen, vertragen auch starke Wurzelkonkurrenz.

Sorte: 'Bifido Multifidum': 25–35 cm, breite, flach gegabelte Wedel, die Wedelspitzen nochmals kurz gegabelt.

Filigranfarn
(Polystichum setiferum)

⬆ 30–70 cm ◐-●

Wuchs: Kurze, Rhizome, bildet locker übergebogene Trichter oder Büschel, in günstigen Lagen wintergrün.
Blüte: Mattgrün, 2-fach gefiedert, weich, kleine, hellbraune Sori in zwei Reihen zwischen Rand und Mittelrippe.
Standort: Humoser, kalkarmer, frischer bis feuchter Boden.
Pflege: Im Winter mit einer guten Laubhumusdecke schützen; abgestorbenes Laub im Frühjahr entfernen.
Tipps: Guter Partner zu vielen Schattenstauden, z. B. Herbst-Anemonen, Astilben, Silberkerzen.

Sorten: 'Congestum': 30–35 cm, aufrechte, stark gefiederte Wedel, gutes Schnittgrün; 'Herrenhausen': 30–40 cm, breite, langgestreckte Wedel; 'Plumosum Densum': Flaumfeder-Filigranfarn, 50–70 cm, gekräuselte Fiederchen, samtig-moosartige Wirkung; 'Proliferum': 30–40 cm, 3-fach gefiederte, überhängende Wedel, beliebte Sorte.

Iran-Lauch
(Allium aflatunense)

↕ 75-100 cm ❋ 5-6 ○ ☞

Wuchs: Kräftige, ovale Zwiebeln; grundständiges, graugrünes Laub, halb aufrecht, mit der Blüte vergilbend und einziehend.
Blüte: Violett, kleine Sternblüten in Kugeldolden von ca. 10 cm Durchmesser.
Standort: Nährstoffreicher, durchlässiger Boden in sonnig-warmen Lagen.
Pflege: Pflanzung im Herbst, 10–20 cm tief, Abstand ca. 20–30 cm, mineralische Düngung zum Austrieb, Blütenstände nach der Blüte ausschneiden.
Tipps: Schön in sonnigen Rabatten als frühsommerlicher Höhepunkt, z.B. zwischen Pfingstrosen und Pracht-Storchschnabel; die Blütenstände sind frisch und getrocknet gute Schnittblumen.
Sorte: 'Purple Sensation': 80–100 cm, tief purpurviolette Blütenbälle, großblütig (siehe Foto).

Nickender Lauch
(Allium cernuum)

↕ 30-60 cm ❋ 6-8 ○

Wuchs: Sehr wüchsig, dichte Horste bildend, dunkelgrünes Laub, grundständig, halb überhängend.
Blüte: Mittel- bis tiefrosa, schalenförmig, klein, zu mehreren in lockeren, nickenden Dolden an kräftigen Stängeln.
Standort: Gut durchlässiger, mäßig nährstoffreicher, nicht zu schwerer Boden in warmen Lagen.
Pflege: Pflanzung im Herbst, Zwiebeln ca. 10 cm tief setzen; Blütenstände nach der Blüte ausschneiden.
Tipps: Für warme, trockene Beete, sehr schön auch im Steingarten oder als Randbepflanzung.

Sternkugel-Lauch
(Allium christophii)

↕ 30-60 cm ❋ 6-7 ○

Wuchs: Grundständige, riemenförmige bis lanzettliche Blätter, oberseits kahl, blaugrün, unterseits weiß behaart, halb überhängend.
Blüte: Violettrosa, leicht schimmernd, klein, sternförmig, zu bis zu 50 in lockeren, sehr großen Kugeldolden mit ca. 20 cm Durchmesser an kräftigen, aufrechten Stängeln.
Standort: Durchlässiger, mäßig nährstoffreicher, nicht zu schwerer Boden in sonnig-warmen Lagen.
Pflege: Pflanzung im Herbst, Zwiebeln ca. 8–10 cm tief setzen; Blütenstände nach der Blüte ausschneiden.
Tipps: Im Beet schön zusammen mit niedrigen grau-, blau- oder gelblaubigen Stauden, z.B. Wein-Raute oder Salbei; getrocknete Blütenstände sind ideal für die Blumenbinderei.

Blauzungen-Lauch
(Allium karataviense)

⬆ 10-25 cm ✿ 4-5 ○

Wuchs: Meist nur zwei trichterförmig angeordnete, metallisch blaugrüne Blätter mit leicht rötlichem Rand, an den Enden nach außen gerollt.
Blüte: Weiß bis blassrosa, kleine Sterne in kugeligen Dolden auf kahlen, kräftigen Stängeln.
Standort: Verlangt durchlässigen Boden in sonnig-warmen Lagen.
Pflege: Zwiebeln im Herbst ca. 8-10 cm tief setzen, Fruchtstände als Zierde stehen lassen und erst im Herbst abschneiden.
Tipps: Eignet sich sehr gut für Steingärten, aber auch für den Topfgarten; passt gut zusammen mit niedrigen Partnern in sonnige Staudenrabatten.

Gold-Lauch
(Allium moly)

⬆ 15-25 cm ✿ 5-6 ○-◐ ☞

Wuchs: Dichte Horste bildend, Blätter graugrün, grundständig, lanzettlich, nach der Blüte vergilbend.
Blüte: Leuchtend gelb, sternförmig, bis zu 30 in lockeren Dolden.
Standort: Mäßig trockener bis frischer Boden, humos, durchlässig, in warmen Lagen.
Pflege: Zwiebeln im Herbst ca. 8-10 cm tief pflanzen; wenn sich die Pflanzen zu stark ausbreiten, einfach mit dem Spaten abstechen.
Tipps: Zur Unterpflanzung von Sträuchern und zum Verwildern geeignet; auch für den Steingarten in kleineren Gruppen, z.B. mit kleinen Glockenblumen, Grauem Storchschnabel.

Bär-Lauch
(Allium ursinum)

⬆ 20-30 cm ✿ 5 ◐-●

Wuchs: Sehr wüchsig, dichte Kolonien bildend, frischgrüne oval-lanzettliche Blätter, nach der Blüte vergilbend und einziehend, nach Knoblauch duftend.
Blüte: Weiß, sternförmig, in lockerer Dolde auf kurzen, kräftigen Stängeln.
Standort: Frischer, durchlässiger, mäßig nährstoffreicher Boden in kühlen, lichtschattigen Lagen.
Pflege: Zwiebeln im Herbst ca. 6-8 cm tief pflanzen; mit dem Spaten abstechen, wenn sich die Pflanzen zu stark ausbreiten.
Tipps: Zur Unterpflanzung von Gehölzen; sehr konkurrenzstark, daher nur mit entsprechenden Partnern kombinieren oder flächig naturnah verwenden; die vor der Blüte geernteten Blätter sind beliebt für Salate, Pesto-Saucen, Brotaufstriche, etc.

Balkan-Anemone, Strahlen-Anemone
(Anemone blanda)

⇡ 5–10 cm ❋ 4–5 ◐ ☞

Wuchs: Kriechende Wurzelknollen, kleine Teppiche bildend, dunkelgrünes, tief gelapptes Laub, halb aufrecht.
Blüte: Blau, violett, rosa, weiß, flach tellerförmige Strahlenblüten, einzeln auf kurzen Stängeln sitzend.
Standort: Mäßig nährstoffreicher, frischer, durchlässiger Boden.
Pflege: Pflanzung der Knollen im Herbst, ca. 5 cm tief; in rauen Lagen mit Laubkompost im Winter schützen.
Tipps: Zur Begrünung kleinerer Flächen unter sommergrünen Laubgehölzen, zusammen mit Elfenblumen, Gräsern, Primeln; schwach giftig.

Sorten und weitere Arten:
A. coronaria, Kronen-Anemone: 25–40 cm hoch, frischgrüne, gestielte Blätter, handförmig gespalte, große Blüten in leuchtenden Farben (Scharlach, Rot, Blau, Violett, Rosa, Weiß), Winterschutz notwendig, z.B. mit Fichtenzweigen, viele Sorten, wertvolle Schnittblume.

Busch-Windröschen
(Anemone nemorosa)

⇡ 15–20 cm ❋ 3–5 ◐ ☞

Wuchs: Kriechende, dünne Rhizome, lang gestieltes Laub, Blätter tief dreiteilig gelappt.
Blüte: Weiß, rosa, violett, einfach oder gefüllt, kleine Strahlenblüten, teils rosa überhaucht, schließen sich am Abend oder bei trübem Wetter.
Standort: Humose, lockere, frische, mäßig nährstoffreiche Böden.
Pflege: Pflanzung im Herbst, ca. 5 cm tief, keine Pflege nötig.
Tipps: Beliebter, wertvoller Frühjahrsblüher; zum Verwildern in lichtschattigen Gehölzbereichen geeignet; die ganze Pflanze ist schwach giftig.

Sorten und weitere Arten:
'Alba Plena': weiß, gefüllt, etwas spätere Blütezeit, sehr lange haltbar; 'Rosea': rosa; 'Robinsoniana': violett; *A. ranunculoides:* ähnlich *A. nemorosa,* gelbe Blüten, Blütezeit 4–5; *A. sylvestris*: siehe Seite 34.

Italienischer Aronstab
(Arum italicum)

⇡ 25–30 cm ❋ 4–5 ◐

Wuchs: Kleine Horste bildend, pfeilförmige, glänzend dunkelgrüne Blätter mit cremefarbener Aderung.
Blüte: Blütenscheide blassgrün, am Grunde röhrenförmig, umschließt das aus vielen Einzelblüten zusammengesetzte Blütenkölbchen; leuchtend roter Fruchtschmuck im Herbst.
Standort: Nährstoffreicher, humoser Boden in warmen, geschützten Lagen.
Pflege: Pflanzung im Herbst, ca. 10–15 cm tief; in rauen Lagen Winterschutz erforderlich; im Herbst leichte Nährstoffversorgung, z.B. mit Kompost.
Tipps: Zierende Blattschmuckpflanze, die gern im lichten Gehölzbereich zusammen mit anderen Blattschmuckpflanzen verwendet wird, z.B. Funkien oder Lungenkraut; die Blätter liefern im Herbst wertvolles Schnittgrün.

ZWIEBELBLUMEN 109

Kamassie, Präriekerze
(Camassia quamash)

↑ 30–60 cm ✱ 6–7 ○–◐

Wuchs: Eiförmige Zwiebeln; große Horste bildend, Blätter bis 30 cm lang, grundständig, lineal.
Blüte: Blau, violettblau, sternförmig, an bis zu 15 cm langer, aufrechter Blütentraube.
Standort: Humoser, durchlässiger, feuchter Boden in sonnig-warmen, geschützten Lagen.
Pflege: Pflanzung im Herbst, ca. 10–15 cm tief; in schweren Böden Drainage, z. B. Kies, mit einarbeiten; in rauen Lagen Winterschutz erforderlich.
Tipps: Zusammen mit Rabattenstauden für wiesenähnliche Pflanzungen, z. B. mit Trollblumen, Dreimasterblume, Frauenmantel oder Wiesen-Storchschnabel; die Blütenstände sind geschnitten sehr lange haltbar.

Schneestolz
(Chionodoxa luciliae)

↑ 5–10 cm ✱ 3 ○–◐ ☞

Wuchs: Durch Selbstaussaat dichte Kolonien bildend, zwei bis drei lineale, grundständige Blätter und aufrechte Blütenstängel.
Blüte: Blau mit weißem Auge, sternförmig, an traubigem, lockerem Blütenstand mit bis zu 12 nickenden Einzelblütchen.
Standort: Anspruchslos, aber auf durchlässigen Boden achten.
Pflege: Pflanzung im Herbst in kleinen Gruppen, ca. 5–8 cm tief; keine Pflege nötig, in Ruhe wachsen lassen, bei Bedarf gelegentliche Humusgaben.
Tipps: Wertvoller Frühlingsblüher, zusammen mit Krokussen, Winterlingen und Schneeglöckchen; mit der Zeit dichte Bestände bildend, z. B. im Rasen oder unter lichten Gehölzen.

Herbst-Zeitlose
(Colchicum autumnale)

↑ 10–20 cm ✱ 8–10 ○

Wuchs: Starkwüchsig, im Frühjahr üppige Blattschöpfe mit breit zungenförmigen, hellgrünen Blättern, die im Sommer wieder einziehen; anschließend zeigen sich im Herbst die Blüten.
Blüte: Violettrosa, kelchförmig, sehr langröhrig, meist zu wenigen, aber auch bis zu 15 Einzelblüten pro Knolle.
Standort: Frische bis feuchte, nährstoffreiche, tiefgründige, gut durchlässige Böden in sonnig-warmen Lagen.
Pflege: Keine Pflege nötig, am besten in Ruhe wachsen lassen.
Tipps: Die Sorten sind für die Verwendung im Garten besser geeignet als die Art. Achtung: Pflanze stark giftig!

Sorten und weitere Arten: 'Giant': rosa-violett, weißer Schlund, sehr spät blühend (Okt.–Nov.); 'Waterlily': rosa-violett, dicht gefüllt; 'Lilac Wonder': rosa-violett, sehr reich blühend, 15–20 cm; *C. bornmuelleri*: 10–15 cm, rosafarbene, innen weiße Blüten.

Lerchensporn
(Corydalis cava)

↕ 15-25 cm ✿ 4-5 ◐ ☞

Wuchs: Dichte Bestände bildend, meist durch Selbstaussaat; bläulich-grünes Laub, nach der Blüte wieder einziehend.
Blüte: Lilarot, weiß, mit am Ende gebogenem Sporn, in dichter Blütentraube.
Standort: Mäßig nährstoffreicher, durchlässiger Boden in wärmeren Lagen.
Pflege: Pflanzung im Herbst, ca. 5-8 cm tief, in kleineren Gruppen; gelegentlich mit organischem Material versorgen, sonst keine Pflege nötig.
Tipps: Flächig unter Laubgehölzen ansiedeln, zusammen mit Krokussen, Schneestolz, Schneeglöckchen.

Weitere Arten: *C. cashmeriana*: 20-25 cm, leuchtend blaue Blüten, für kalkfreien, lockeren Humusboden bei hoher Luftfeuchte; *C. lutea*: 20-25 cm, goldgelbe Blüten, Blütezeit 5-9, Blätter im Herbst erscheinend, wintergrün, bläulich-grün gefärbt, für schattige und feuchte Lagen.

Montbretie
(Crocosmia crocosmiiflora)

↕ 60-100 cm ✿ 7-9 ○

Wuchs: Zwiebelknollen mit unterirdischen Ausläufern, dichte Kolonien bildend, hellgrüne, schmale, schwertförmige Blätter, leicht überhängend.
Blüte: Orangegelb, rot, gelb, trichterförmig, in dichten, oft leicht überhängenden, lang gestielten Ähren.
Standort: Nährstoffreicher, feuchter, durchlässiger Boden in warmen, geschützten Lagen.
Pflege: Pflanzung im Frühjahr, ca. 8-10 cm tief, Blütenstände nach der Blüte ausschneiden; in rauen Lagen Winterschutz mit Laubmulch erforderlich.
Tipps: Für Rabatten mit kräftiger Farbwirkung, schön zusammen mit Dahlien, Gräsern, blau blühenden Astern; sehr haltbare Schnittblume.

Sorten: 'Lucifer': leuchtend rot; 'Bressingham Blaze': orange- bis feuerrot; 'Venus': leuchtend orange; 'Golden Fleece': goldgelb; 'George Davidson': gelb, zierlich.

Gelber Krokus, Garten-Krokus
(Crocus chrysanthus)

↕ 5-10 cm ✿ 2-3 ○ ☞

Wuchs: Dichte Tuffs bildend, sehr früh austreibend, grasartige Blätter, mittelgrün mit weißem Mittelstreifen.
Blüte: Weiß, creme, rosa, violett, je nach Sorte auch weiß gestreifte Blüten, klein, kelchförmig, auf kurzen Stielen.
Standort: Gut durchlässiger, mäßig nährstoffreicher Boden in warmen Lagen.
Pflege: Pflanzung im Herbst, ca. 5-8 cm tief, in kleineren Gruppen; Blätter nicht zu früh abmähen, sondern einziehen lassen.
Tipps: Zum Verwildern im Rasen, an sonnigen Hängen, im Steingarten; verschiedene Sorten kombinieren.

Sorten: 'Cream Beauty': cremegelb (siehe Foto); 'Eyecatcher': weiß, außen purpur, gelber Schlund; 'Blue Bird': zartes Graublau, außen violett gezeichnet, mit gelbem Schlund; 'Prinz Claus': hellblau; 'Blue Peter': violettblau, großblütig.

ZWIEBELBLUMEN 111

Herbst-Krokus, Pracht-Krokus
(Crocus speciosus)

↑ 10-20 cm ✿ 9-10 ◐-◑ ☞

Wuchs: Langsam größere Bestände bildend, die Blätter erscheinen nach der Blüte grasgrün mit weißem Mittelstreifen, schmal lanzettlich.
Blüte: Violettblau, mittelgroße Trichterblüten mit dunkelblauer Aderung, kräftig orange gefärbte Griffel.
Standort: Frischer, durchlässiger Boden, keine Sommerhitze vertragend.
Pflege: Pflanzung im Spätsommer, ca. 5-8 cm tief, gelegentliche Düngergaben im Herbst, sonst keine Ansprüche; von konkurrierenden Nachbarpflanzen frei halten.
Tipps: Verwendung im Steingarten oder auf schütteren Rasenflächen, zwischen niederliegenden Polster- und Mattenpflanzen, z.B. Golderdbeeren oder niedrigen Farnen.
Sorten: 'Conqueror': himmelblau; 'Oxonian': violett bis purpur.

Elfen-Krokus
(Crocus tommasinianus)

↑ 5-10 cm ✿ 2-4 ○ ☞

Wuchs: Bildet durch Selbstaussaat große, dichte Kolonien; schmale, dünne Blätter, linealisch, dunkelgrün, weißer Mittelstreifen.
Blüte: Zartviolett mit hellem Schlund, schlank, trichterförmig.
Standort: Jeder frische bis mäßig trockene Gartenboden auf im Frühjahr sonnigen Plätzen.
Pflege: Pflanzung im Herbst, ca. 8 cm tief, keine Pflege notwendig, in Ruhe wachsen lassen.
Tipps: Die beste Krokus-Art, um z.B. unter Sträuchern zu verwildern, auch für den schütteren Rasen geeignet.
Sorten: 'Ruby Giant': zartes Rotviolett, sterile Sorte; 'Whitewell Purple': purpurviolett, innen silbrig-violett.

Frühlings-Krokus
(Crocus vernus)

↑ 10-15 cm ✿ 3-4 ○ ☞

Wuchs: Bildet durch kurze Ausläufer langsam größere Kolonien, Blätter schmal lineal, grasgrün mit weißem Mittelstreifen.
Blüte: Weiß, gelb, violett, blau, je nach Sorte auch mehrfarbig, große, breit trichterförmige Blüten.
Standort: Frischer, durchlässiger, sommertrockener Boden in warmen Lagen.
Pflege: Pflanzung im Herbst, ca. 5-8 cm tief; vor dem Austrieb im Spätwinter düngen.
Tipps: Im schütteren Rasen oder auf wenig bewachsenen Flächen vor und zwischen Gehölzen verwenden, am besten verschiedene Sorten in kleineren Tuffs miteinander kombinieren.
Sorten: 'Prinses Juliana': purpurviolett, dunkler geadert; 'Queen of the Blues': fliederblau; 'Remembrance': violett schimmernd.

Vorfrühlings-Alpenveilchen
(Cyclamen coum)

↑ 5-10 cm ❀ 2-4 ◐

Wuchs: Durch Selbstaussaat dichte Kolonien bildend, nierenförmiges Laub, dunkelgrün, schwach gezeichnet, nach der Blüte einziehend und im Herbst wieder frisch austreibend.
Blüte: Weiß, rosa, dunkelkarmin, mit weißem Auge am Blütengrund, kleine rundliche Cyclamenblüten.
Standort: Durchlässiger, humoser, frischer Boden in warmen, geschützten Lagen.
Pflege: Pflanzung im Herbst, ca. 5 cm tief; leichter Winterschutz mit Reisig, Blüten durch Abdecken vor starkem Frost schützen; in Ruhe wachsen lassen.
Tipps: Am besten in größeren Gruppen unter lichten Gehölzen.

Weitere Art: *C. hederifolium*: Blüte im Herbst (Blütezeit: 9-10), duftende, karminrote, rosa oder weiße Blüten, herzförmiges, dunkelgrünes, fein gezeichnetes Laub.

Dahlie
(Dahlia-Hybriden)

↑ 30-150 cm ❀ 7-10 ○

Wuchs: Nicht winterharte Knollen; aufrecht, buschig, dunkelgrünes spitzeiförmiges Laub.
Blüte: Alle Farben außer Blau, einfache halbgefüllte und gefüllte Sorten, schalenförmig oder große, kugelige Blütenbälle.
Standort: Tiefgründiger, nährstoffreicher, durchlässiger Boden in warmen, geschützten Lagen.
Pflege: Pflanzung im Mai; ausreichend wässern und stickstoffarm düngen, bei Bedarf stützen; im Herbst ausgraben und in mit Sand gefüllten Kisten frostfrei und dunkel überwintern.
Tipps: Schön mit Stauden und Sommerblumen, im Bauerngarten.

Sorten: Ungefüllte Blüten z. B. Mignon-Dahlien, halbgefüllte z. B. Duplex-Dahlien, gefüllte z. B. Schmuck-Dahlien, Pompon-Dahlien, Kaktus-Dahlien.

Winterling
(Eranthis hyemalis)

↑ 5-10 cm ❀ 2-3 ◐-●

Wuchs: Durch Selbstaussaat größere Kolonien bildend, Blüte vor dem Laubaustrieb, nach dem Verblühen wieder einziehend, Blätter leuchtend grün, tief eingeschnitten.
Blüte: Gelbe Schalenblüten, von grünen Hochblättern umgeben.
Standort: Nährstoffreicher, feuchter, durchlässiger Boden in lichtschattigen Lagen.
Pflege: Knollen nach dem Kauf im Herbst sofort ca. 5 cm tief pflanzen; keine Pflege nötig, in Ruhe wachsen lassen.
Tipps: Zum Verwildern unter und zwischen sommergrünen Gehölzen oder in schütterem Rasen, zusammen mit Blausternchen und Schneeglöckchen; giftig.

ZWIEBELBLUMEN 113

Steppenkerze
(Eremurus-Hybriden)

⬆ 120–220 cm ✿ 6–7 ○

Wuchs: Hohe, aufrechte Stängel, horstig, Blätter schwertförmig, blaugrün, bereits während der Blüte vergilbend und wieder einziehend.
Blüte: Weiß, gelb, orange, in einer langen kerzenförmigen Traube.
Standort: Tiefgründiger, nährstoffreicher, gut durchlässiger Boden, in sonnig-warmen Lagen.
Pflege: Pflanzung von Sommer bis Herbst, ca. 15 cm tief die seesternförmigen Wurzeln dazu flach ausbreiten – Vorsicht, sie brechen leicht; im Sommer und Winter vor Nässe schützen; Blütenstände nach dem Abblühen ausschneiden.
Tipps: Zur Verwendung auf Rabatten und in Steppenpflanzungen, als Partner von Katzenminze, Goldgarbe, Lilien, Wolfsmilch; gute Schnittblume.

Hundszahn, Zahnlilie
(Erythronium dens-canis)

⬆ 15–25 cm ✿ 4–5 ◐

Wuchs: Dichte Horste bildend, eiförmiges, mittelgrünes, purpur-braun geflecktes Laub.
Blüte: Purpur, rosa, weiß, am Ansatz Streifen in Purpur, Braun oder Gelb, nickend, mit zurückgeschlagenen Kronblättern.
Standort: Feuchter, durchlässiger, nährstoffreicher, humoser Boden.
Pflege: Pflanzung im Herbst, ca. 10 cm tief; keine Pflege nötig, in Ruhe wachsen lassen.
Tipps: Zur Verwendung unter und zwischen lichten Gehölzen, auch im Gras verwildernd; schön zusammen mit Farnen, Primeln, Elfenblumen.

Schopflilie
(Eucomis bicolor)

⬆ 30–60 cm ✿ 7–8 ○

Wuchs: Kräftige Horste bildend, riemenförmige, am Rand gewellte Blätter, hellgrün.
Blüte: Blassgrün, purpur gerandet, klein, sternförmig, in dichten aufrechten Trauben sitzend, gekrönt von einem Blattschopf, ähnelt insgesamt einer Ananas.
Standort: Nährstoffreicher, durchlässiger Boden in warmen, geschützten Lagen.
Pflege: Pflanzung im Frühjahr, ca. 15 cm tief; im Winter mit einer Mulchschicht aus organischem Material schützen; vor Winternässe schützen, z. B. durch Zugabe von Sand im Pflanzloch als Drainage.
Tipps: Schön im Kontrast zu Blattschmuckpflanzen, z. B. Funkien; auch für den Topfgarten geeignet.

Kaiserkrone
(Fritillaria imperialis)

⬆ 25-30 cm ✤ 4-5 ○-◐

Wuchs: Kräftige, aufrechte Triebe, Blätter linealisch, glänzend, mittelgrün.
Blüte: Gelb, orange, rot, nickende Glocken, zu 3-6 in Quirlen, die von einem Blattschopf gekrönt sind.
Standort: Nährstoffreicher, durchlässiger, humoser, feuchter Boden in sonnigen bis lichtschattigen Lagen.
Pflege: Pflanzung der Zwiebeln im Herbst, ca. 15 cm tief; verblühte Stängel am Grund abschneiden.
Tipps: Verwendung in sonnigen, farbkräftigen Rabatten, zusammen mit Tulpen, Vergissmeinnicht, Duftveilchen.

Sorten und weitere Arten: 'Lutea Maxima': goldgelb: 'Aurora': Orange. *F. persica:* bis 100 cm, pflaumenblaue Blüten, nickende, kegelförmige Glocken in dichten Trauben, blaugrünes Laub; *F. thunbergii:* bis 60 cm, rahmweiße Blüten mit grüner Aderung oder schachbrettartiger Musterung, nickende, glockenförmige Blüten.

Schachbrettblume
(Fritillaria meleagris)

⬆ 20-30 cm ✤ 4-5 ○-◐

Wuchs: Eintriebig mit aufrechten Stängeln, schmale, lineale, graugrüne Blätter, nach der Blüte einziehend.
Blüte: Braunviolett mit schachbrettartiger Musterung, nickend, breit glockenformig, einzeln oder paarweise am Stängel.
Standort: Nährstoffreiche, gut durchlässige, feuchte Böden in warmen Lagen.
Pflege: Zwiebeln im Herbst ca. 10 cm tief pflanzen; gelegentliche Humusgaben, sonst keine besonderen Ansprüche, in Ruhe wachsen lassen.
Tipps: In kleinen Gruppen pflanzen, zum Verwildern, in Teichnähe oder in feuchten Wiesen.

Weitere Arten: *F. cirrhosa:* bis 40 cm, hellgrüne Blüten mit rotbrauner Zeichnung, Glocken am Rand zurückgeschlagen; *F. pallidiflora:* bis 40 cm, cremegelbe Blüten, am Ansatz grün, innen braunrot gewürfelt, unangenehm riechend.

Kleiner Gelbstern
(Gagea minima)

⬆ 5-10 cm ✤ 3-4 ○-◐

Wuchs: Kleines, zierliches Zwiebelgewächs, bildet durch Selbstaussaat langsam größere Kolonien; ein breites Grundblatt, Stängelblätter den Blütenstand nicht überragend.
Blüte: Gelb, sternförmig, in wenigblütigen Trauben, umgeben von schmalen Hochblättern.
Standort: Nährstoffreiche, kalkhaltige, feuchte Böden in warmen Lagen.
Pflege: Zwiebeln im Herbst 5-7 cm tief pflanzen; keine Pflegemaßnahmen nötig, in Ruhe wachsen lassen.
Tipps: Schöner, seltener Frühblüher in Naturgärten, zur Verwilderung unter lichten Laubgehölzen, z. B. zusammen mit Blausternchen und Busch-Windröschen.

ZWIEBELBLUMEN 115

Schneeglöckchen
(Galanthus nivalis)

⬆ 10-15 cm ❄ 2-4 ◐ ☞

Wuchs: Durch Tochterzwiebeln langsam größere Kolonien bildend; eintriebig, schmale, lineale Blätter, graugrün, nach der Blüte einziehend.
Blüte: Weiß, die inneren Blütenteile grün gefleckt, glockenförmig, zart duftend.
Standort: Frischer, durchlässiger, humoser Boden in lichtschattiger Lage.
Pflege: Pflanzung im Herbst, 5-8 cm tief, ungestört wachsen lassen.
Tipps: In kleineren Tuffs pflanzen, schön zu Elfen-Krokus, Anemonen, Alpenveilchen.

Weitere Arten: *G. elwesii:* 10-20 cm, weiße, nickende Blüten, nach Honig duftend, graugrüne, riemenförmige Blätter.

Riesenhyazinthe
(Galtonia candicans)

⬆ 100-120 cm ❄ 7-9 ○

Wuchs: Horstig, straff aufrecht, Blätter riemenförmig, fleischig, graugrün, an der Spitze leicht überhängend.
Blüte: Weiß, überhängende Glocken, duftend, in schlanken Trauben.
Standort: Nährstoffreicher, durchlässiger Boden in warmen Lagen.
Pflege: Pflanzung im Frühjahr, ca. 12 cm tief; verblühte Triebe an der Basis abschneiden, Winterschutz mit dicker Mulchschicht nötig.
Tipps: Wertvolle sommerblühende Zwiebelpflanze, schön im Beet zusammen mit Gräsern, Indianernessel, Blut-Weiderich.

Siegwurz
(Gladiolus communis)

⬆ 60-100 cm ❄ 6 ○

Wuchs: Kräftig wachsend, sich langsam ausbreitend, aufrechte Triebe, linealische, grüne Blätter.
Blüte: Magentarot, innen hell gezeichnet, trichterförmig, leicht nickend, in lockeren Ähren.
Standort: Nährstoffreicher, durchlässiger Boden in warmen Lagen.
Pflege: Pflanzung im Frühjahr, ca. 10 cm tief; benötigt Winterschutz mit dicker Mulchschicht; in rauen Lagen besser frostfrei überwintern, dazu Zwiebeln ausgraben und in Kisten kühl und trocken lagern.
Tipps: Schöne Begleiter zu Taglilien und Gräsern im Beet.

Gladiole
(Gladiolus-Hybriden)

↕ 40–140 cm ✿ 6–9 ○

Wuchs: Aufrecht wachsend, schwertförmige, frischgrüne, straff nach oben gerichtete Blätter.
Blüte: Fast alle Farben außer Blau, je nach Sorte auch mehrfarbig, trichterförmige Einzelblüten in dichten Trauben.
Standort: Nährstoffreicher, durchlässiger, frischer bis feuchter Boden in warmen Lagen.
Pflege: Pflanzung im Mai, ca. 10 cm tief, mineralisch düngen, Triebe bei Bedarf stützen; Knollen im Oktober ausgraben, Laub auf Handbreit einkürzen, trocken und frostfrei lagern.
Tipps: Schön in lockeren Pflanzungen mit bunten Sommerblumen und Stauden, gute Schnittblume.
Sorten: Verschiedene Gruppen: Großblütige Gladiolen: 90–140 cm, dichte Blütenkerzen; Baby-Gladiolen: 40–60 cm, kleinere Blüten in lockeren Trauben; Butterfly-Gladiolen: mehrfarbige Blüten mit gewellten Rändern.

Blauglöckchen
(Hyacinthoides hispanica)

↕ 50–55 cm ✿ 4–5 ◐ ☞

Wuchs: Bildet dichte, horstige Kolonien, Blätter riemenförmig, sattgrün glänzend, leicht überhängend.
Blüte: Blauviolett mit helleren Streifen, glockenförmige Blüten mit zurückgebogenen Spitzen, in aufrechten Trauben.
Standort: Nährstoffreicher, feuchter, durchlässiger Boden in warmen Lagen.
Pflege: Pflanzung im Herbst, ca. 8 cm tief, in kleineren Tuffs; anspruchslos; wenn Selbstaussaat unerwünscht, nach der Blüte die Blütenstände ausschneiden.
Tipps: In den Vordergrund einer gemischten Rabatte setzen, z.B. mit Funkien, Elfenblumen, Christrosen, oder in naturnahen Pflanzungen zum Verwildern, als Unterpflanzung von lichten Gehölzen.

Hyazinthe
(Hyacinthus-Orientalis-Hybriden)

↕ 20–30 cm ✿ 4–5 ○

Wuchs: Eintriebig, sich langsam ausbreitend und kleine Horste bildend, Blätter breit linealisch bis lanzettlich, grundständig, frischgrün.
Blüte: Blau, violett, rosa, weiß, stark duftend, trichterförmig, Spitzen stark nach hinten gebogen, viele Einzelblüten in dichten Trauben.
Standort: Durchlässiger, humoser Boden in warmen Lagen.
Pflege: Pflanzung im Herbst, ca. 10 cm tief; vor Winternässe schützen; Verblühtes entfernen.
Tipps: Klassiker im Frühlingsbeet, zusammen mit Primeln, Tulpen, Stiefmütterchen; auch für den Topfgarten.
Sorten: 'White Pearl': weiß; 'Lady Derby': zart rosarot; 'Delft Blue': violettblau; 'City of Haarlem': primelgelb; 'Princess Maria Christina': lachsrosa.

ZWIEBELBLUMEN 117

Gelbe Netz-Iris
(Iris danfordiae)

↑ 5–10 cm ❋ 3 ○

Wuchs: Kurzlebig, eintriebig, blass- bis mittelgrünes Laub, aufrecht, schlank.
Blüte: Gelb, Hängeblätter grün gepunktet, einzeln auf kurzen Stängeln.
Standort: Im Sommer trocken, durchlässiger, kalkhaltiger Boden in warmen, geschützten Lagen.
Pflege: Pflanzung im Herbst, 5–8 cm tief, vor zu viel Nässe schützen.
Tipps: Nach der ersten Blüte Blühpause für mehrere Jahre, daher regelmäßig nachpflanzen; schön für den Steingarten, auch im Topfgarten.

Weitere Arten: *I. winogradowii*: 5–10 cm, primelgelbe Blüten, ähnlich *I. danfordiae*, liebt es etwas feuchter, nie austrocknen lassen, schön im Steingarten; *I. histrioides*: 10–15 cm hoch, blauviolette Blüten, für Steingärten, im Sommer trocken halten.

Netz-Iris
(Iris reticulata)

↑ 10–15 cm ❋ 2–3 ○

Wuchs: Langsam kleine Gruppen bildend, aufrechte, schmale, vierkantige Blätter, blass- bis mittelgrün.
Blüte: Blau mit gelber Zeichnung und weißen Flecken, einzeln am Stängel sitzend, leicht duftend.
Standort: Nährstoffreicher, leicht kalkhaltiger, durchlässiger Boden in geschützten Lagen.
Pflege: Pflanzung im Herbst, 5–8 cm tief, keine Pflege nötig, in Ruhe wachsen lassen.
Tipps: Verwendung in kleineren Gruppen, Sorten miteinander kombinieren; passt in den Steingarten und auf offene Freiflächen.

Sorten: 'Cantab': zartblau; 'Harmony': königsblau.

Märzbecher, Frühlings-Knotenblume
(Leucojum vernum)

↑ 10–15 cm ❋ 3–4 ◐ ☞

Wuchs: Eintriebig, durch Selbstaussaat und Brutzwiebeln langsam dichte Bestände bildend, Blätter grundständig, aufrecht und riemenförmig.
Blüte: Weiß mit grünen Spitzen, einzeln oder zu zweien an den Stielen hängend.
Standort: Humusreicher, lehmiger bis toniger, nährstoffreicher Boden in schattig-kühlen Lagen.
Pflege: Pflanzung im Herbst, 8–10 cm tief, keine Pflegeansprüche.
Tipps: Schön am Gehölzrand oder unter und zwischen Gehölzen, auch in Teichnähe, zu mehreren in kleinen Tuffs pflanzen, zusammen mit anderen Frühlingsblühern, z. B. Elfenblumen; giftig!

Weitere Arten: *L. aestivum*, Sommer-Knotenblume: 10–15 cm, sehr ähnlich, aber im Frühsommer (6–7) blühend.

Feuer-Lilie
(Lilium bulbiferum)

↕ 40-150 cm ❋ 6-8 ○

Wuchs: Aufrecht, teilweise Brutzwiebeln in den Blattachseln, linealische, frischgrüne Blätter an den Stängeln.
Blüte: Goldorange, aufrecht, schalenförmig, in großen Dolden.
Standort: Nährstoffreiche, durchlässige, im Frühjahr feuchte, im Sommer trockene Böden in warmen Lagen.
Pflege: Pflanzung im Herbst, ca. 20 cm tief; verblühte Blüten abschneiden, aber die Stängel mit Blättern stehen lassen; im ersten Jahr nach der Pflanzung eine Mulchdecke als Frostschutz geben.
Tipps: Setzt leuchtkräftige Akzente im Beet; für naturnahe Pflanzungen, zusammen mit Glockenblumen, Rittersporn, Rosen, Katzenminze, Salbei; alte Bauerngartenpflanze.

Madonnen-Lilie
(Lilium candidum)

↕ 80-120 cm ❋ 6-7 ○

Wuchs: Aufrechte Triebe, einzeln, unverzweigt, Blätter hellgrün, grundständig, lanzettlich, vor dem Winter eine Blattrosette am Boden bildend.
Blüte: Weiß, stark duftend, groß, trompetenförmig, die äußeren Spitzen nach hinten gebogen, bis zu 20 in Trauben.
Standort: Durchlässige, nährstoffreiche Böden in sonnigen Lagen.
Pflege: Pflanzung im frühen Herbst, nur ca. 3 cm tief; Winterschutz nur in rauen Lagen bei starken Frösten nötig.
Tipps: In kleineren Gruppen verwenden, sehr schön zu Rosen und Rittersporn.

Weitere Arten: *L. regale,* Königs-Lilie: weiße trompetenförmige Blüten, außen zart purpurfarben überlaufen, in reichblütigen Trauben, Höhe 60-200 cm.

Türkenbund-Lilie
(Lilium martagon)

↕ 90-200 cm ❋ 6-7 ○-◐

Wuchs: Aufrechte, einzelne Triebe, lanzettliches Laub, glänzend grün.
Blüte: Rosa bis purpurrot, nickende, turbanförmige Einzelblüten in lockeren Trauben, unangenehmer Duft.
Standort: Frischer, nährstoffreicher, durchlässiger, kalkhaltiger Boden in warmen Lagen.
Pflege: Im Herbst pflanzen, ca. 10-15 cm tief; im Winter eine schützende Mulchdecke geben.
Tipps: Verwendung in naturnahen Pflanzungen, in Verbindung mit Gehölzen, Glockenblumen, Gräsern und Farnen.

Weitere Art: *L. hansonii:* 100-150 cm, gelbe Blüten mit braunen Tupfen, turbanförmig in lockeren Trauben, für durchlässige Böden in sonnigen Lagen.

Lilie
(Lilium-Hybriden)

⬆ 50-200 cm ✿ 6-7 ○

Wuchs: Aufrechte, einzelne Triebe, schmale, lanzettliche, grüne Blätter am Stängel.
Blüte: Viele verschiedene Farben in unterschiedlichsten Schattierungen, die Formen reichen von großen Schalenblüten über lange Trompeten bis zu überhängenden »Turbanen« zu mehreren in lockeren Trauben.
Standort: Frischer, nährstoffreicher, locker-humoser Boden in sonnig-warmen Lagen, am Fuß beschattet.
Pflege: Pflanzung der Zwiebeln im Herbst, ca. 10 cm tief; verblühte Blüten ausschneiden, Stängel stehen lassen; Austrieb vor Spätfrösten schützen, nach dem Austrieb mit Flüssigdünger düngen.
Tipps: Verwendung in gemischten Staudenrabatten, dabei die farbliche Abstimmung auf die Begleitpflanzen wichtig; gute Schnittblume.

Sorten: Jedes Jahr kommt eine Vielzahl neuer Sorten auf den Markt. Sie werden in unterschiedliche Gruppen eingeteilt:
Die wichtigsten und problemlosesten sind die Asiatischen Hybriden (siehe Foto links). Sie besitzen große Schalen- oder Türkenbundblüten. Die Trompetenlilien haben auffallend große, lang gestreckte Trichterblüten, die angenehm duften (Foto rechts). Sie sind ebenfalls problemlos zu kultivieren. Etwas anspruchsvoller sind die Orientalischen Hybriden. Sie stammen von den ostasiatischen Wildarten *L. auratum*, der Goldband-Lilie, und *L. speciosum*, der Pracht-Lilie, ab und haben schöne Trichterblüten. In rauen Klimazonen ist die Pflanzung im Topfgarten sinnvoll, während sie im gemäßigten Klima auch ausgepflanzt sehr ausdauernd sind.

Traubenhyazinthe
(Muscari armeniacum)

⬆ 15-20 cm ✿ 4-5 ○ ☞

Wuchs: Horstig, dichte Bestände bildend, grundständige, linealische Blätter, mittelgrün, Austrieb bereits im Herbst.
Blüte: Blau, kleine Glöckchen mit weißem, verengtem Rand in dicht besetzten, kegelförmigen Trauben.
Standort: Mäßig nährstoffreicher, durchlässiger Boden in warmen Lagen.
Pflege: Pflanzung im Herbst, ca. 10 cm tief; bei zu starker, unerwünschter Ausbreitung, Teile mit dem Spaten abstechen; sonst keine Pflege nötig.
Tipps: Verwendung in Steingärten, als Einfassung von Rabatten, zusammen mit anderen Frühlingsblühern.

Sorten und weitere Arten:
'Cantab': himmelblau; 'Blue Spike': reich blühend, gefüllte, blaue Blüten; 'Alba': weiß; *M. botryoides:* 15-20 cm, himmelblaue, rundliche Einzelblüten, kurze Trauben, sät sich stark aus; *M. tubergenianum:* 15-20 cm, strahlend blaue Blüten, nach oben hin heller werdend, graugrünes Laub.

Dichter-Narzisse
(Narcissus poeticus)

Narzisse
(Narcissus-Hybriden)

↑ 30-50 cm ❁ 4-5 ◐-◑ ☞

↑ 30-60 cm ❁ 3-4 ◐-◑

Wuchs: Ein- oder mehrtriebig, schmale, mittelgrüne, riemenförmige, grundständige Blätter.
Blüte: Weiß, radförmig, mit zentraler gelber Nebenkrone mit rotorangem Rand, bis 7 cm Durchmesser, stark duftend, einblütig.
Standort: Nährstoffreicher, feuchter, aber durchlässiger Boden, der nie austrocknen sollte, in sonniger bis absonniger Lage.
Pflege: Pflanzung im frühen Herbst, ca. 10 cm tief; keine Pflegeansprüche.
Tipps: Schöne Art zum Verwildern in Wiesen, sät sich selbst aus; Gras erst mähen, wenn das Laub ganz eingezogen ist; giftig.
Sorten: 'Actaea': 40-50 cm, weiß mit gelber Nebenkrone und rötlichem Rand, häufigste Sorte; 'Praecox': weiß, zierliche Blüte, versamt sich gut.

Wuchs: Ein- oder mehrtriebig, grundständige, graugrüne Blätter, linealisch, nach der Blüte einziehend.
Blüte: Gelb, weiß, auch mehrfarbig, einfach oder gefüllt, große sternförmige Einzelblüten, bestehend aus Blütenkranz und trompetenförmiger Nebenkrone.
Standort: Nährstoffreiche, sandige bis humose mäßig trockene bis feuchte Lehmböden.
Pflege: Pflanzung im zeitigen Herbst, ca. 10 cm tief; verblühte Stängel ausschneiden, Laub an der Pflanze bis zum vollständigen Einziehen belassen und erst dann abmähen bzw. entfernen.
Tipps: Klassische Frühlingspflanze im Beet, zusammen mit verschiedenen früh austreibenden Stauden, Krokussen, Hyazinthen und Tulpen; giftig.

Sorten: Große Sortenvielfalt, jedes Jahr kommen viele Neuzüchtungen hinzu. Die Sorten teil man in unterschiedliche Gruppen ein. Man unterscheidet Großkronige und Kleinkronige Narzissen sowie Trompeten-Narzissen (Foto links) mit besonders langer »Nebenkrone« (der inneren Blütenröhre). Daneben gibt es auch Gefüllte Sorten (Foto rechts). Sortenbeispiele: 'Dover Cliffs': großkronig, weiß; 'Panache': Trompeten-Narzisse, weiß; 'Irene Copeland': gefüllte Narzisse, weiß mit Cremegelb; 'Rainbow': großkronig, weiß, Nebenkrone leicht rosa gerandet; 'Daydream': großkronig, zitronengelb; 'Fortune': großkronig, gelb, mit orange gefärbter Nebenkrone; 'Rip van Winkle': gefüllt, schwefelgelb; 'Rob Minor': Trompeten-Narzisse, gelb; 'Golden Ducat': gefüllt, goldgelb; 'Kingscourt': Trompeten-Narzisse, gelb.

Weitere Arten: *N. cyclamineus*, Alpenveilchen-Narzisse: 15-20 cm, weiß oder gelb blühend, klein bleibend, Blüten mit zurückgeschlagenen Blütenblättern, Blütezeit 3-4; *N. jonquilla*: 25-30 cm, mehrblütig, kleine, gelbe Blüten, stark duftend, braucht Winterschutz; *N. triandrus*, Engelstränen-Narzisse: 20-25 cm, mehrblütig mit intensivem Duft, für milde halbschattige Lagen, sonst Topfkultur, weiße Blüten, Kranz stark zurückgebogen.

ZWIEBELBLUMEN 121

Milchstern
(Ornithogalum narbonense)

⬆ 30-40 cm ✿ 6-7 ○

Wuchs: Dichte Horste bildend, aufrechte Stängel, Blätter grundständig, linealisch, halb aufrecht, graugrün, nach der Blüte einziehend.
Blüte: Weiß, sternförmige Einzelblüten auf kräftigen Stängeln, in lockeren Doldentrauben.
Standort: Mäßig nährstoffreicher, gut durchlässiger Boden in warmen Lagen.
Pflege: Pflanzung im Frühjahr, ca. 10 cm tief; keine Pflege nötig.
Tipps: Verwendung in gemischten Staudenrabatten, auch zum Verwildern in Wiesen oder naturnahen Rasenflächen geeignet; giftig.

Weitere Arten: *O. nutans,* Nickender Milchstern: 40-50 cm, grünlichweiße, nickende Blüten, 20-50 cm; *O. umbellatum,* Dolden-Milchstern: 20-30 cm, weiße Blüten, außen mit grünen Streifen, nur mittags geöffnet, in doldenartigen Trauben, 10-25 cm.

Puschkinie
(Puschkinia scilloides)

⬆ 10-15 cm ✿ 4-5 ○ ☞

Wuchs: Dichte Kolonien bildend, zwei grundständige, linealische Blätter, grün, straff, aufrecht.
Blüte: Blassblau mit dunklerem Mittelstreifen auf jedem Blütenblatt in kleinen, glockigen, aufrechten Trauben.
Standort: Anspruchslos, gedeiht auf jedem nicht zu schweren oder nassen Gartenboden in warmen, auch heißen Lagen.
Pflege: Pflanzung im Herbst, ca. 5-8 cm tief; keine Pflege nötig.
Tipps: Anspruchs- und problemloser Frühlingsblüher, ideal zum Verwildern, unter lichten Gehölzen oder im Rasen, auch im Steingarten; bildet durch Selbstaussaat dichte Kolonien.

Weitere Art: *P. scilloides* var. *libanotica,* Libanon-Puschkinie: kleinere, reinweiße Blüten.

Blausternchen
(Scilla siberica)

⬆ 10-15 cm ✿ 3-5 ○-◐ ☞

Wuchs: Dichte Kolonien bildend, grundständige, breit linealische Blätter, sattgrün.
Blüte: Tiefblau mit dunkleren Längsstreifen, herabhängende Glocken in lockeren Trauben.
Standort: Durchlässiger, humoser Boden in warmen Lagen.
Pflege: Pflanzung im Herbst, ca. 8-10 cm tief; keine Pflege nötig, in Ruhe wachsen und sich ausbreiten lassen.
Tipps: Sät sich selbst stark aus, eignet sich daher zum Verwildern in schütteren Rasenflächen, vor und zwischen lichten Gehölzen.

Sorten und weitere Arten: 'Spring Beauty': tiefblau, mit violetter Zeichnung, in allen Teilen etwas größer als die Art (siehe Foto), bildet durch Tochterzwiebeln dicht gedrängte Horste; *S. bifolia:* 10-15 cm, blau, etwas früher blühend, zwei grundständige Blätter, versamt sich stark.

Goldkrokus
(Sternbergia lutea)

↕ 10-15 cm ❋ 9-10 ○

Wuchs: Kleine Horste bildend, die Blätter erscheinen zusammen mit der Blüte, schmal lanzettlich, straff aufrecht, dunkelgrün, wintergrün.
Blüte: Gelb, kelchförmig, einzeln auf den Stängel sitzend.
Standort: Extrem durchlässiger, mäßig nährstoffreicher Boden in warmen, geschützten Lagen.
Pflege: Pflanzung im Frühjahr, ca. 15 cm tief; Blätter vor Frost mit leichter, luftiger Laubdecke schützen.
Tipps: Verwendung in Steingärten, auch im Topfgarten; schön zusammen mit Herbst-Krokussen und Herbst-Zeitlosen.

Dreiblatt
(Trillium grandiflorum)

↕ 20-40 cm ❋ 4-6 ○-◐ ☞

Wuchs: Bildet durch unterirdische Rhizome vieltriebige Horste, die elliptischen, schön geaderten Blätter stehen jeweils zu dreien zusammen, in der Mitte steht die Blüte.
Blüte: Grünlich-weiß, im Verblühen rosa färbend, nach der Blüte bildet sich eine fleischige Beere mit braunen oder schwarzen Samen.
Standort: Tiefgründiger, nährstoffreicher, frischer, saurer Boden.
Pflege: Pflanzung im Frühjahr, ca. 8 cm tief; Boden mit organischem Material anreichern.
Tipps: Sehr dauerhafte Gartenpflanze, wirkt besonders, die Blätter haben großen Schmuckwert; zur Unterpflanzung von Gehölzen für saure Böden, z. B. Rhododendren, zusammen mit Farnen.

Tulpe
(Tulipa-Hybriden)

↕ 30-65 cm ❋ 4-6 ○

Wuchs: Eintriebig und aufrecht wachsend, breit zungenförmige, graugrüne Blätter, den Stängel umschließend, spitz zulaufend.
Blüte: Große Farbpalette in unterschiedlichsten Kombinationen, einfache und gefüllte Sorten, schalenförmig.
Standort: Durchlässiger, sandiglehmiger Boden, mäßig trocken bis frisch, keine schweren, nassen Böden.
Pflege: Pflanzung im Herbst, ca. 10 cm tief; während des Blattaustriebs düngen, Abgeblühtes ausschneiden, Blätter unbedingt belassen und einziehen lassen; bei schweren Böden vor zu großer Winternässe schützen.
Tipps: Verwendung in Beeten und im Topfgarten. Am besten unterschiedliche Sorten miteinander kombinieren, dabei aber auf die Farbabstimmung achten; pflanzt man Sorten mit auf-

ZWIEBELBLUMEN 123

Seerosen-Tulpe
(Tulipa kaufmanniana)

Trauerglocke
(Uvularia grandiflora)

↕ 10–20 cm ✿ 3–4 ○ ☞

↕ 30–40 cm ✿ 4–5 ○–◐

einander folgender Blühtezeit zusammen, ist insgesamt eine sehr lange Tulpenblüte möglich.

Sorten: Riesiges Sortiment, jedes Jahr kommen neue Sorten auf den Markt. Tulpen werden in unterschiedliche Klassen eingeteilt, geordnet nach Blütezeit und botanischen Merkmalen: Früh blühende Tulpen: Einfache und Gefüllte Sorten; mittelfrüh blühende Tulpen: Triumph- und Darwin-Tulpen (siehe Foto links); spät blühende Tulpen: Einfache, Gefüllte, Lilienblütige (siehe Foto rechts), Gefranste, Viridiflora-Tulpen, Rembrandt-Tulpen, Papageien-Tulpen.

Weitere Arten: *T. sylvestris:* 20–45 cm, gelbe, nickende Blüten, duftend, zum Verwildern im Rasen; *T. tarda:* 15 cm, gelbe Blüten, an den Spitzen weiß, sternförmig.

Wuchs: Dichte Horste bildend, Blätter breit-lanzettlich, graugrün, am Rand leicht gewellt, teils rötlich gestreift.
Blüte: Rot, gelb, weiß, meist mehrfarbig; bei Sonne öffnen sich die bis zu 12 cm breiten Blüten vollständig mit weit zurückgekrümmten Blütenspitzen.
Standort: Durchlässiger, mäßig nährstoffreicher Boden in warmen Lagen.
Pflege: Pflanzung im Herbst, ca. 10 cm tief; Austrieb und Blätter vor Schneckenfraß schützen, verblühte Blüten ausschneiden, Blätter einziehen lassen.
Tipps: Gut im Steingarten oder im Beet zusammen mit Schneestolz, Traubenhyazinthen, Blausternchen.

Weitere Art: *T. greigii:* 5–10 cm, ähnlich, aber später blühend, rot, breite Blätter mit braunroten Längsstreifen.

Wuchs: Dicke, kriechende Rhizome, aufrechte Triebe, Blätter stängelumfassend, unterseits flaumig, länglich, oval, leicht zugespitzt.
Blüte: Zitronengelb, hängend, schlanke Glocken, lange Staubblätter.
Standort: Humusreicher, frischer bis feuchter Boden in kühl-schattigen Lagen.
Pflege: Pflanzung im Herbst oder Frühjahr, ca. 5–8 cm tief; keine Pflegeansprüche, in Ruhe wachsen lassen.
Tipps: Zur Verwendung in waldähnlichen Pflanzungen unter und zwischen lichten Gehölzen, z. B. mit Farnen, Gedenkemein, Elfenblumen.

Leberbalsam
(Ageratum houstonianum)

↑ 10-70 cm ❋ 7-9 ○

Wuchs: Horstig, buschig, dicht beblätterte Stängel, Blätter oval, mittelgrün; die Sorten variieren in der Größe.
Blüte: Blauviolett, weiß, rosa, in endständigen, dichten Köpfchen aus bis zu 40 Einzelblütchen.
Standort: Nährstoffreicher, durchlässiger, gleichmäßig feuchter Boden in sonnig-warmen Lagen.
Pflege: Aussaat im Februar und März im Haus, ab Mitte Mai ins Beet pflanzen; bei Trockenheit gießen; hohe Sorten stäben, Verblühtes ausschneiden.
Tipps: Schön zu weiß und gelb blühenden Partnern oder Ton in Ton in Violett-Tönen; die hohen Sorten sind sehr gute Schnittblumen.

Sorten: 'Blue Horizon': hellblau, 60 cm (siehe Foto); 'Red Sea': violettblau, 60 cm; 'Blaue Donau': mittelblau, 20-30 cm; 'White Hawaii': weiß, 20-30 cm.

Kornrade
(Agrostemma githago)

↑ 60-90 cm ❋ 6-10 ○

Wuchs: Buschig, reich verzweigt, schmale lineale Blätter, graugrün, Stängel weichflaumig behaart.
Blüte: Rosa, weiß, bis zu 5 cm breite, 5-zählige, offene Trichterblüten mit lang zugespitzten Kelchen.
Standort: Nährstoffarmer, durchlässiger, mäßig feuchter Boden in warmen bis heißen Lagen.
Pflege: Direktsaat ins Beet im zeitigen Frühjahr, Sämlinge auf 25-30 cm Abstand vereinzeln; Triebe stützen; Verblühtes ausschneiden, die letzten Blüten im Jahr jedoch ausreifen lassen, um den Samen zu sammeln.
Tipps: Für Wildblumenbeete, schön auch im Topfgarten.

Sorten: 'Rose Queen': pflaumenrosa; 'Purple Queen': kirschrot.

Fuchsschwanz
(Amaranthus caudatus)

↑ 30-75 cm ❋ 7-9 ○

Wuchs: Buschig, aufrecht, rote, purpurne oder grüne Triebe, hellgrünes, eiförmiges Laub.
Blüte: Karminrot, hängende, quastenartige Rispen, üppig blühend.
Standort: Mäßig nährstoffreicher, humoser, feuchter Boden in warmen, geschützten Lagen.
Pflege: Aussaat im Frühling direkt ins Beet, auf ca. 60 cm Abstand vereinzeln; bei Trockenheit gießen.
Tipps: Auffallende Pflanze in gemischten Sommerblumenbeeten, gut auch im Topfgarten; sehr haltbare Schnittblume.

Sorten: 'Rotschwanz': rot, 75 cm; 'Grünschwanz': grün, 75 cm; 'Pigmy Torch': aufrechte Blütenstände, blutrot, 30-50 cm.

SOMMERBLUMEN

Löwenmäulchen
(Anthirrhinum majus)

↑ 50–90 cm ✿ 6–10 ○

Wuchs: Buschig, stark verzweigt, lanzettliche, glänzende, tiefgrüne Blätter.
Blüte: Gelb, bronze, purpur, rosa, rot, manche Sorten zweifarbig, in aufrechten Trauben aus duftenden, zweilippigen Blüten.
Standort: Nährstoffreicher, gleichmäßig feuchter Boden in sonnig-warmen Lagen.
Pflege: An Januar Vorkultur im Haus möglich; Keimlinge entspitzen, ab Mitte Mai ins Beet auspflanzen; Verblühtes ausschneiden.
Tipps: Unterschiedliche Sorten miteinander kombinieren; schön in Sommerblumenbeeten, dabei auf farbliche Abstimmung achten.

Sorten: Im Handel meist nach Farben benannt, es sind auch Samenmischungen erhältlich; 'Royal Bride': weiß; 'Brazilian Carnival': Mischung in Rot, Weiß, Orange mit gelben Lippen oder Rosa und Weiß mit roten Lippen.

Bärenohr
(Arctotis fastuosa, Syn.: *Venidium fastuosum)*

↑ 50–60 cm ✿ 6–9 ○

Wuchs: Aufrechte, kräftige Triebe, silbergrüne, stark gelappte Blätter.
Blüte: Orange, weiß, ähnlich kleinen Sonnenblumen mit prupurschwarzer Mitte.
Standort: Leichter, durchlässiger, nährstoffreicher Boden in sonnig-warmen Lagen.
Pflege: Vorkultur im Haus, Aussaat ab Februar, ab Mai ins Freie auspflanzen; gute Nährstoffversorgung ist wichtig.
Tipps: Verwendung in sonnigen, gemischten Rabatten, z.B. mit Mehl-Salbei, Kosmeen und Scharlach-Lobelien, auch im Topfgarten; gute Schnittblume.

Sorten: 'Jaffa Ice': Mischung orange und weiß blühender Pflanzen mit purpurrot-schwarzer Mitte.

Eis-Begonie
(Begonia semperflorens)

↑ 15–20 cm ✿ 5–10 ◐–●

Wuchs: Niedrige, buschige, verzweigte Triebe, die leicht brechen, gerundete, glänzende, dunkelgrüne bis bronzefarbenen Blätter.
Blüte: Weiß, rosa, rot, purpur, einfache oder gefüllte, kleine Blüten in dichten Trauben.
Standort: Sehr nährstoffreicher, durchlässiger, humoser Boden in kühl-schattigen Lagen.
Pflege: Aussaat im Winter; Samen sehr fein, daher nicht mit Erde abdecken; ab Mitte Mai ins Beet pflanzen; regelmäßig gießen, hoher Nährstoffbedarf.
Tipps: Zur Verwendung in kleineren Gruppen im Beet, auch im Topfgarten; beliebt für Grabbepflanzungen.

Weitere Art: *B.*-Knollenbegonien-Hybriden: 20–30 cm, große, gefüllte Blüten in verschiedenen Farben für große Kübel im Topfgarten.

Gänseblümchen, Maßliebchen
(Bellis perennis)

↕ 5-20 cm ❀ 3-7 ○-◐

Wuchs: Kurze Ausläufer bildend, rosettenförmig angeordnete, verkehrt eiförmige, glänzend grüne Blätter.
Blüte: Weiß, rosa, purpur, rot, kompakte Köpfchen mit gelben Röhrenblüten, auf kurzen Stielen aus der Rosettenmitte entspringend.
Standort: Mäßig nährstoffreicher, humoser, gleichmäßig feuchter Boden.
Pflege: Anzucht ab Juli, im Herbst pflanzen; den Winter über mit Reisig schützen.
Tipps: Verwendung in Frühlingsbeeten, zur Grabbepflanzung, auch im Topfgarten.

Sorten: 'Habanera Serie': dicht gefüllte Blütenköpfchen, 'Rominette': kleinblumiger Pomponette-Typ, dichtröhrige, stark gefüllte Blüten in Rosa; 'Tasso': großblumig.

Ringelblume
(Calendula officinalis)

↕ 30-70 cm ❀ 6-9 ○

Wuchs: Schnellwüchsig, aufrecht, horstig, Blätter oval, frischgrün, weich behaart, aromatisch.
Blüte: Gelb, creme, orange, gefüllt oder einfach, als margeritenähnliche Köpfchen.
Standort: Lehmiger, mäßig nährstoffreicher, gleichmäßig feuchter Boden in sonnig-warmen Lagen.
Pflege: Direktaussaat ins Beet, auf 30-45 cm Abstand ausdünnen; regelmäßig stutzen, um das Verzweigen anzuregen, Abgeblühtes entfernen.
Tipps: Typische Bauerngartenpflanze, für gemischte Rabatten, zusammen mit Kosmeen, Salbei, Rittersporn; sehr gute Schnittblume.

Sorten: 'Orange King': orange, gefüllt; 'Lemon Queen': zitronengelb, gefüllt; 'Indian Prince': dunkelorange.

Sommeraster
(Callistephus chinensis)

↕ 20-60 cm ❀ 7-10 ○

Wuchs: Buschig, reich verzweigt, schnellwüchsig, eiförmiges, gezähntes Laub, mittelgrün.
Blüte: Karminrot, rosa, weiß, gelb, violett, chrysanthemenähnliche, gefüllte Köpfchen, je nach Sorte auch mit gekräuselten Zungenblüten.
Standort: Nährstoffreicher, durchlässiger, gleichmäßig feuchter Boden in warmen, geschützten Lagen.
Pflege: Direktaussaat ab Mitte Mai oder Vorzucht im Haus ab Februar, regelmäßig wässern und düngen.
Tipps: Typische Bauerngartenpflanze, die gerne in gemischten Rabatten verwendet wird; lässt sich gut mit Kosmeen, Löwenmäulchen und Lobelien kombinieren; gute Schnittblume.

Sorten: 'Comet Serie': zwergige, früh blühende Sorten mit gekräuselten Blütenblättern, gefüllt; 'Princess Serie': große Blüten, kompakter Wuchs.

SOMMERBLUMEN

Kornblume
(Centaurea cyanus)

⬆ 20-90 cm ✿ 6-8 ○

W u c h s : Aufrecht, verzweigt, buschig, lanzettliche, ganzrandige Blätter, unterseits leicht wollig behaart.
B l ü t e : Violettblau mit vergrößerten Randblüten, in bis 4 cm breiten Köpfchen.
S t a n d o r t : Durchlässiger, mäßig nährstoffreicher Boden in sonnig-warmen Lagen.
P f l e g e : Sät man sie im Herbst direkt ins Beet, blühen sie im nächsten Jahr bereits ab Mitte Mai; Verblühtes ausschneiden.
T i p p s : In Gruppen in gemischten Rabatten; sehr gute Schnittblume.

S o r t e n : 'Jubilee Gem': leuchtend blau, standfest, 40 cm hoch; 'Blauer Junge': tiefblau, 90 cm hoch.

Spinnenblume
(Cleome hassleriana)

⬆ 100-150 cm ✿ 6-10 ○

W u c h s : Aufrecht, wenig verzweigt, Blätter 5- bis 7-fach gefingert, fein gezähnt, drüsig behaart, am Blattstiel mit lanzettlichen Blättchen und Stacheln.
B l ü t e : Weiß, rosa, purpurn, mit länglichen Kronblättern und weit herausragenden, »spinnenartigen« Staubfäden, in dichten Trauben.
S t a n d o r t : Nährstoffreiche, lehmig-sandige, durchlässige Böden in warmen Lagen.
P f l e g e : Im zeitigen Frühjahr im Haus vorkultivieren, ab Mitte Mai auspflanzen; reichlich gießen und düngen, Triebe bei Bedarf stützen.
T i p p s : Verwendung in gemischten Rabatten; gute Schnittblume; im Handel oft als *C. spinosa* angeboten.

S o r t e n : 'Helen Campbell': weiß; 'Kirschkönigin': karminrosa, 'Rosakönigin': rosa; 'Violettkönigin': violett.

Feld-Rittersporn
(Consolida regalis,
Syn.: Delphinium consolida)

⬆ 30-120 cm ✿ 6-9 ○

W u c h s : Aufrecht, buschig, wenig bis stark verzweigt, längliche bis lineale Blätter.
B l ü t e : Violett, rosa, weiß, gespornte ungefüllte oder gefüllte Blüten in dichten Ähren.
S t a n d o r t : Lockerer, humoser, gut durchlässiger, nährstoffreicher Boden in sonnig-warmen Lagen.
P f l e g e : Direktsaat ins Beet im zeitigen Frühjahr; vor Schnecken schützen, hohe Triebe stützen, regelmäßig gießen.
T i p p s : Typische Bauerngartenpflanze, schön in gemischten Rabatten, zusammen mit Ringelblumen, Kosmeen, Sonnenhut; gute Schnittblume.

S o r t e n : 'Dwarf Hyazinth Serie': kaum verzweigt, gefüllte Blüten in dichten Trauben, 30-45 cm; 'Dwarf Rocket Serie': kompakt, gefüllte Blüten, 30-50 cm; 'Giant Imperial Serie': stark verzweigt, gefüllte Blüten in dichten Trauben, 60-100 cm.

Mädchenauge
(Coreopsis tinctoria)

↑ 25–120 cm ❁ 6–8 ○

Wuchs: Aufrecht, buschig, dunkelgrüne, lanzettliche Blätter.
Blüte: Leuchtend gelbe Köpfchen, bis 5 cm Durchmesser, in der Mitte dunkel- bis braunrot getönt.
Standort: Nährstoffreiche, gut durchlässige Böden in sonnig-warmen Lagen.
Pflege: Aussaat im Frühjahr direkt ins Beet, auf ca. 30–45 cm Abstand vereinzeln; Triebe bei Bedarf stützen, Verblühtes ausschneiden.
Tipps: In farbkräftigen Rabatten verwenden; schön zusammen mit auch blau und weiß blühenden Partnern; gute Schnittblume.

Sorten: 'Mahogany Midget': Zwergform, 30 cm hoch, mahagoni-scharlachrote Köpfchen; 'Tiger Flower': kleinwüchsig, nur 25 cm, viele Farben von Rot bis Gelb, oft zweifarbig und gesprenkelt.

Schmuckkörbchen, Kosmee
(Cosmos bipinnatus)

↑ 30–120 cm ❁ 6–10 ○

Wuchs: Aufrecht, buschig, stark verzweigt mit grazil wirkenden, haarförmig zerteilten Blättern.
Blüte: Rosa, weiß, groß, schalenförmig mit gelber Mitte.
Standort: Durchlässiger, mäßig nährstoffreicher, humoser Boden in warmen Lagen.
Pflege: Vorkultur ab Februar im Haus, regelmäßig entspitzen, um die Verzweigung zu fördern, im Mai auspflanzen; auch Direktsaat möglich; Verblühtes ausschneiden, Boden feucht halten.
Tipps: Verwendung in Sommerblumenbeeten und als Lückenfüller im Staudenbeet; sehr gute Schnittblume.

Sorten und weitere Arten: 'Sensation'-Serie: große Blüten in vielen Farben, bis 90 cm; 'Sonata'-Serie: Zwergformen, kompakt, 30 cm hoch; *C. atrosanguineus*, Schokoladen-Kosmee: Knollenpflanze, rötlichbrauner Spross, schokoladenbraune Blüten, die nach Schokolade duften.

Bart-Nelke
(Dianthus barbatus)

↑ 40–70 cm ❁ 5–8 ○

Wuchs: Buschig, reich verzweigt, Blätter lanzettlich; zweijährig, im ersten Jahr nur Blätter, im zweiten Jahr folgen die Blüten.
Blüte: Purpurrot, rosa, lachsrosa, weiß, auch zweifarbig, in dichten Büscheln, am Rand gefranste Kronblätter.
Standort: Durchlässiger, nährstoffreicher, mäßig trockener bis frischer Boden in warmen Lagen.
Pflege: Aussaat von Mai bis Juli, ab September an den endgültigen Platz im Garten pflanzen; im Winter die Blattrosetten mit Reisigabdeckung schützen.
Tipps: Typische Bauerngartenpflanze, die gern in gemischten Rabatten verwendet wird, schön auch als Einfassung und im Topfgarten; gute Schnittblume.

Sorten: Im Handel sind verschiedenste Samenmischungen und Sorten erhältlich.

Goldlack
(Erysimum cheiri,
Syn.: Cheiranthus cheiri)

↑ 25-70 cm ✿ 3-5 ○

Wuchs: Buschig; zweijährig, lanzettliches ganzrandiges Laub, im ersten Jahr werden nur Blätter gebildet, im zweiten folgt die Blüte.
Blüte: Gelb, orange, rot, vierzählig, duftend, in kurzen Trauben.
Standort: Durchlässiger, mäßig nährstoffreicher bis nährstoffarmer, kalkhaltiger Boden in warmen Lagen.
Pflege: Aussaat im August, den Winter über mit Reisig abdecken; vor Schneckenfraß schützen.
Tipps: Sorgt für kräftige Farbtupfer im Frühlingsbeet; gut auch für Steingärten und Mauerkronen; beliebte Duftpflanze.

Sorten: 'Goldstaub': 25 cm, goldgelb; 'Blood Red': 35 cm, tiefrot; 'Cloth of Gold': 35 cm, goldgelb.

Goldmohn, Kalifornischer Mohn
(Eschscholzia californica)

↑ 20-40 cm ✿ 6-9 ○

Wuchs: Locker verzweigt, mattenbildend, fein zerteilte Blätter, graugrün.
Blüte: Orange, rot, gelb, weiß, bis zu 7 cm breit, schalenförmige Mohnblüten, die nur bei Sonne öffnen.
Standort: Gut durchlässiger, mäßig nährstoffreicher Boden in trocken-warmen Lagen.
Pflege: Im Frühjahr direkt ins Beet säen; verbreitet sich auch durch Selbstaussaat; keine besonderen Pflegeansprüche.
Tipps: Zur Verwendung in naturnahen, lockeren Pflanzungen, auch in Kies- oder Steingärten; gute Schnittblume.

Sorten: Im Handel sind in der Regel Farbmischungen mit ungefüllten Blüten erhältlich.

Sonnenblume
(Helianthus annuus)

↑ 40-250 cm ✿ 7-10 ○

Wuchs: Hohe, aufrechte, meist unverzweigte Triebe, aber auch kleinere Zwergformen, Blätter groß, oval, rauhaarig, stumpfgrün.
Blüte: Gelb, orange, rotbraun, meist mit brauner Mitte, große Strahlenblüten, einzeln auf straffen Stielen.
Standort: Lockerer, humoser, nährstoffreicher, möglichst gleichmäßig feuchter Boden in warmen Lagen.
Pflege: Ab Mai direkt ins Beet säen; vor Schneckenfraß schützen, gute Wasser- und Nährstoffversorgung; hohe Sorten bei Bedarf stützen.
Tipps: Als Höhepunkte in Rabatten und an Zäunen, an die sie sich anlehnen können; beliebte Schnittblume.

Sorten: Im Handel sind verschiedene Samenmischungen mit unterschiedlichen Blütenfarben und Wuchshöhen, z.B. 'Teddybär': 40 cm, goldgelbe, dicht gefüllte Blütenbälle, verzweigter Wuchs, Blätter herzförmig.

Strohblume
(Helichrysum bracteatum)

⬆ 30-90 cm ❋ 7-9 ○

Wuchs: Horstig, aufrecht, lanzettliche, mattgrüne Blätter.
Blüte: Weiß, rosa, rot, rotbraun, gelb, orange, kleine Blütenköpfchen.
Standort: Nährstoffarmer, durchlässiger, mäßig feuchter bis trockener Boden in warmen Lagen.
Pflege: Direktsaat ab Mai ins Beet, oder Vorkultur im Haus ab März; sparsam düngen, sonst fallen die Pflanzen auseinander.
Tipps: Beliebte Schnittblume; zum Trocknen die Blüten kurz vor dem Aufblühen schneiden und schattig und luftig trocknen lassen.

Sorten: 'Bikini'-Serie: niedrige, farbreiche Auslese, 30 cm; 'Monstrosum'-Serie: 80 cm, in vielen Farben; 'Riesenkugel'-Serie: 80 cm, übergroße, gefüllte Blütenkugeln; 'Summer Solstice': 80-90 cm, in vielen Pastellfarben.

Schleifenblume
(Iberis umbellatus)

⬆ 15-30 cm ❋ 5-8 ○

Wuchs: Buschig, polsterbildend, Blätter lineal-lanzettlich, die unteren Blättchen gezähnt.
Blüte: Weiß, lavendelfarben, rosa, karminrot, je nach Sorte auch zweifarbig, in abgeflachten Schirmrispen, bis zu 5 cm Durchmesser, intensiv duftend.
Standort: Mäßig nährstoffreicher, gut durchlässiger, trockener bis mäßig frischer Boden in warmen Lagen.
Pflege: Im Frühling Direktsaat ins Beet; vor Schneckenfraß schützen.
Tipps: Schön im Vordergrund von Rabatten und als Beeteinfassung, aber auch in Steingärten und auf Mauerkronen sowie im Topfgarten. Guter Rosen-Begleiter.

Fleißiges Lieschen
(Impatiens walleriana)

⬆ 20-50 cm ❋ 5-10 ◐-●

Wuchs: Weit verzweigte, flach ausgebreitete Triebe mit brüchigen Stängeln, Blätter hellgrün, teilweise bronzegrün oder rot überlaufen, elliptisch bis lanzettlich, leicht gezähnt.
Blüte: Weiß, rosa, rot, purpur, orange, manche Sorten zweifarbig, Blüte stark gespornt.
Standort: Nährstoffreicher, frischer bis feuchter, durchlässiger Boden in kühl-schattigen Lagen.
Pflege: Aussaat ab Februar, nach den Eisheiligen im Mai auspflanzen; regelmäßig gießen und düngen.
Tipps: Als Unterpflanzung oder am Beetrand; am besten verschiedene Sorten miteinander kombinieren; schön auch im Topfgarten.

Sorten: Im Handel ist ein breites Angebot an Farben erhältlich, zu empfehlen sind Farbmischungen.

SOMMERBLUMEN 131

Duftwicke
(Lathyrus odoratus)

⬆ 100-200 cm ❋ 7-9 ○

Wuchs: Rankender Kletterer, mittel- bis dunkelgrünes Laub, das aus eiförmigen Fiedern mit endständigen Ranken zusammengesetzt ist.
Blüte: Rosa, violett, weiß, rot, lavendelfarben, intensiv duftend.
Standort: Nährstoffreicher, frischer bis gleichmäßig feuchter, lockerer, humoser Boden in warmen Lagen.
Pflege: Ab April Direktsaat im Freiland; Vorkultur im Haus bereits ab Februar möglich; eine Kletterhilfe aus Weidenruten, Bambusstäben oder Schnüren ist notwendig; regelmäßig gießen und düngen.
Tipps: Schön, um Zäune oder Sichtschutzelemente zu begrünen, gute Schnittblume.

Sorten: Im Handel sind meist Farbmischungen erhältlich.

Bechermalve
(Lavatera trimestris)

⬆ 50-80 cm ❋ 7-9 ○

Wuchs: Breite Büsche bildend, aufrechte Triebe mit herzförmigem Laub, rauhaarig, matt dunkelgrün.
Blüte: Rosa, karminrot, weiß, mit dunkler Aderung, groß, trichterförmig.
Standort: Durchlässiger, lockerer, humoser, nicht zu nährstoffreicher Boden in sonnig-warmen Lagen.
Pflege: Direktsaat ins Beet ab April; Vorkultur im Haus möglich, dabei ab Mitte März häufig entspitzen; regelmäßig düngen, bei Trockenheit gießen.
Tipps: Schön in bunten Rabatten mit anderen Sommerblumen oder als Lückenfüller im Staudenbeet; gute Schnittblume.

Sorten: 'Mont Blanc': 50 cm, weiß, kompakt; 'Ruby Regis': 60 cm, rosa mit roter Aderung; 'Silver Cup': 60 cm, rosa, zarte Aderung, großblumig, kompakt (siehe Foto).

Scharlach-Lobelie
(Lobelia speciosa)

⬆ 70-110 cm ❋ 7-9 ○

Wuchs: Horstig, grundständige Rosetten bildend, Blätter mittelgrün, teilweise rot überlaufen oder komplett rötlich gefärbt, breit lanzettlich.
Blüte: Rot, rosa, weiß, purpurfarben, in dichten Trauben.
Standort: Nährstoffreicher, lockerer Boden an sonnig-warmen Plätzen.
Pflege: Ab Februar im Haus aussäen, ab Mai ins Beet pflanzen; die Rosetten können auch frostfrei überwintert und erst im nächsten Jahr ausgepflanzt werden; regelmäßig gießen und düngen.
Tipps: Schön in Sommerblumenbeeten und zwischen Stauden; gute Schnittblume.

Sorten: 'Fan Scharlach': scharlachrot mit bronzefarbener Belaubung; 'Fan Burgundy': tiefes Burgunderrot, etwas früher blühend; 'Kompliment Mix': bunte Farbmischung.

Steinkraut
(Lobularia maritima)

↕ 5-15 cm ✽ 6-10 ○

Wuchs: Flache, teppichartige Polster bildend, kleine, linealisch-lanzettliche Blätter, mittelgrün.
Blüte: Weiß, rosa, violett, sehr reich blühend, nach Honig duftend.
Standort: Durchlässiger, mäßig nährstoffreicher, gleichmäßig feuchter Boden in sonnig-warmen Lagen.
Pflege: Aussaat ab April ins Beet, nach dem Keimen etwas ausdünnen; Vorkultur im Haus ab März möglich; vor Schneckenfraß schützen; für kompakteren Wuchs und längere Blütezeit die Polster gelegentlich zurückschneiden.
Tipps: Duftige Beeteinfassung, schön zu Rosen und als duftende Beeteinfassung; auch im Topfgarten möglich.

Sorten: 'Königsteppich': tief violett; 'Snow Chrystals': reinweiß.

Levkoje
(Matthiola incana)

↕ 30-100 cm ✽ 5-8 ○

Wuchs: Aufrecht, meist eintriebig, manche Sorten auch verzweigt, stumpf graugrünes lanzettliches Laub.
Blüte: Rosa, violett, weiß, gelb, lavendelfarben, meist gefüllt, in dichten, endständigen Trauben, intensiv duftend.
Standort: Nährstoffreiche, kalkhaltige, mäßig trockene bis frische Böden ohne Staunässe in sonniger Lage.
Pflege: Vorkultur im Haus ab Februar, im Mai ins Freie pflanzen; Verblühtes regelmäßig ausschneiden, gute Wasser- und Nährstoffversorgung.
Tipps: Alte Bauerngartenpflanze, die besonders schön in gemischten Rabatten und zwischen Stauden wirkt; am besten unterschiedliche Sorten miteinander kombinieren; sehr gute Schnittblume.

Sorten: Im Handel sind verschiedene Farbmischungen erhältlich.

Gauklerblume
(Mimulus-Hybriden)

↕ 15-30 cm ✽ 6-9 ○-◐

Wuchs: Aufrechte, am Grund verzweigte, buschige Pflanzen, Blätter eiförmig bis elliptisch, mittel- bis dunkelgrün.
Blüte: Orange, gelb, rot, rosa, anfangs röhrige, im Aufblühen weit geöffnete Blüten mit 2-zipfeliger Ober- und 3-zipfeliger Unterlippe.
Standort: Nährstoffreicher, frischfeuchter, humoser Boden in warmen Lagen.
Pflege: Vorkultur im Haus ab Februar, nach den Eisheiligen im Mai auspflanzen; vor Schneckenfraß schützen, gut gießen und feucht halten.
Tipps: Leuchtende Farbtupfer in Rabatten; schön in Wassernähe zusammen mit Gräsern und Taglilien; gut auch im Topfgarten.

Sorten: Im Handel sind meist verschiedene Samenmischungen erhältlich.

Muschelblume
(Moluccella laevis)

⬆ 60–90 cm ✿ 8–10 ○

Wuchs: Horstig, aufrecht, kaum verzweigt, Blätter breit eiförmig, tief gebuchtet, mittel- bis blassgrün.
Blüte: Weiß, blass purpurrosa, in einem becherförmigen, grünen, muschelähnlichen Kelch eingeschlossen, in langen Ähren, duftend.
Standort: Feuchter, wasserdurchlässiger, mäßig nährstoffreicher Boden in warmen Lagen.
Pflege: Direktsaat ins Beet ab April; regelmäßig gießen.
Tipps: Die ungewöhnlichen Blütenstände sind beliebte Schnittblumen und finden vor allem getrocknet Verwendung.

Sorte: 'Irlandglocke': Blütenähren mit grünlichen Blütenschalen, 70 cm.

Vergissmeinnicht
(Myosotis sylvatica)

⬆ 15–30 cm ✿ 4–6 ○

Wuchs: Zweijährig; dichte, niederliegende Büsche, lanzettliche, stumpfgrüne, rau behaarte Blätter.
Blüte: Himmelblau, rosa oder weiß mit gelbem oder orangefarbenem Auge, klein, in endständigen Trauben.
Standort: Nährstoffreicher, humoser, lockerer, gleichmäßig feuchter Boden in sonnigen Lagen.
Pflege: Aussaat im Spätsommer, ab September an den endgültigen Platz pflanzen; die Blattrosetten mit Reisig während des Winters schützen; bei Trockenheit gießen, gute Nährstoffversorgung.
Tipps: Für Frühlingsrabatten zusammen mit Tulpen oder Hyazinthen; schön auch im Topfgarten.

Sorten: 'Compindi': intensiv dunkelblau; 'Blue Ball': leuchtend blau; 'Rosylva': rosa, kompakt.

Ziertabak
(Nicotiana × sanderae)

⬆ 40–60 cm ✿ 6–10 ○

Wuchs: Aufrecht, an der Basis verholzend, dichtbuschig, Blätter klebrig, länglich-eiförmig, die oberen lanzettlich, frischgrün.
Blüte: Rot, rosa, weiß, purpur, langröhrig, in lockeren Trauben.
Standort: Nährstoffreiche, feuchte, durchlässige Böden in warmen Lagen.
Pflege: Vorkultur im Haus ab März, ab Mai ins Freie pflanzen; vor Schneckenfraß schützen, Verblühtes ausschneiden, bei Trockenheit gießen.
Tipps: Verwendung in Sommerblumenrabatten, auch für den Topfgarten; giftig.

Sorten: Im Handel sind verschiedene Serien erhältlich, alle mit breitem Farbspektrum.

Jungfer im Grünen
(Nigella damascena)

⬆ 20-45 cm ✿ 6-9 ○

Wuchs: Einfache oder verzweigte Sprosse, fein zerteilte, hellgrüne Blätter.
Blüte: Blassblau, rosa, schalenförmig, einzeln auf den Stängeln sitzend, umgeben von einer Krause aus fein zerteilten Hochblättchen; attraktive, eiförmige, gefurchte Früchte mit »Halskrause« an der Spitze.
Standort: Gedeiht in jedem wasserdurchlässigen Boden in voller Sonne.
Pflege: Im Frühjahr oder im Herbst Direktsaat ins Beet; bei Herbstaussaat den Winter über abdecken, keine Pflegeansprüche.
Tipps: Verwendung in lockeren, gemischten Rabatten; die Blüten und Früchte werden gerne getrocknet für Gestecke verwendet.

Sorten: 'Dwarf Moody Blue': violett, Zwergform, 25 cm; 'Mulberry Rose': cremerosa, im Verblühen dunkler werdend, 45 cm.

Zwerg-Mohn
(Papaver commutatum)

⬆ 30-40 cm ✿ 6-8 ○

Wuchs: Aufrecht, verzweigt, graugrüne, filzig behaarte Blätter, in lanzettliche Segmente zerteilt.
Blüte: Rot, an der Basis schwarz gefleckt, schüsselförmig einzeln auf den Stängeln sitzend.
Standort: Nährstoffreiche, mäßig trockene bis frische Böden ohne Staunässe in voller Sonne.
Pflege: Aussaat im Frühjahr direkt ins Beet, auf ca. 15 cm Abstand vereinzeln; keine besonderen Pflegeansprüche.
Tipps: Verwendung in farbkräftigen Sommerblumenrabatten und im Steingarten, sät sich an zusagenden Standorten selbst aus.

Weitere Arten: *P. rhoeas*, Klatschmohn: bis 90 cm, rote, an der Basis schwarz gezeichnete Blüten, schwach behaarte Triebe und Blätter.

Island-Mohn
(Papaver nudicaule)

⬆ 25-50 cm ✿ 5-9 ○

Wuchs: Aufrecht mit grundständiger Blattrosette, Laub dicht behaart, blaugrün, oval, gebuchtet; zweijährig, im ersten Jahr nur Blätter, im zweiten folgen die Blüten.
Blüte: Gelb, weiß, rot, orange, bis 8 cm breite Schalenblüten, einzeln auf behaarten Trieben sitzend.
Standort: Durchlässige, mäßig trockene bis frische Gartenböden.
Pflege: Aussaat im Juni, im September ins Beet verpflanzen; bei Aussaat im März folgt die Blüte noch im gleichen Jahr; keine besonderen Pflegeansprüche.
Tipps: Verwendung in kleineren Gruppen in gemischten Rabatten, auch für den Topfgarten.

Sorten: 'Summer Breeze': pastellige Blütenfarben, sehr lange blühend; 'Wonderland': Zwergform, ideal für den Topfgarten, nur 25 cm.

SOMMERBLUMEN 135

Bartfaden
(Penstemon-Hybriden)

↑ 50-90 cm ✿ 6-10 ○

Wuchs: Aufrecht, horstig, buschig, schmales, lanzettliches, kräftig grünes Laub.
Blüte: Rot, karmin, violett, rosa, weiß, röhrenförmig, meist mit hellerem Schlund, in dichten Rispen.
Standort: Nährstoffreiche, durchlässige, gleichmäßig feuchte Böden in warmen Lagen.
Pflege: Aussaat ab Februar/März im Haus, ab Mai ins Freie pflanzen; gut mit Wasser und Nährstoffen versorgen; standschwache Triebe stützen.
Tipps: Verwendung in gemischten Rabatten, dabei verschiedene Sorten miteinander kombinieren; gute Schnittblume.
Sorten: 'Andenken an Friedrich Hahn': dunkel weinrot; 'Apple Blossom': blassrosa; 'Evelyn': rosarot; 'Hidcote Pink': blassrosa, innen mit karminroter Zeichnung.

Flammenblume, Sommer-Phlox
(Phlox drummondii)

↑ 10-45 cm ✿ 6-9 ○

Wuchs: Aufrecht bis breitbuschig, Blätter lanzettlich bis eiförmig, stängelumfassend; behaart.
Blüte: Rosa, rot, purpur, lavendelblau, weiß, innen meist blasser gefärbt und mit kontrastierender Mitte, je nach Sorte auch gefüllt.
Standort: Nährstoffreiche, wasserdurchlässige Böden in warmen Lagen.
Pflege: Vorkultur im Haus ab März, im Mai ins Freie pflanzen; gute Wasser- und Nährstoffversorgung.
Tipps: Verwendung in gemischten Rabatten oder als Lückenfüller im Staudenbeet; gute Schnittblume.
Sorten: 'African Sunset': dunkelrot; 'Canal': rosa, rosenartige, gefüllte Blüten; 'Delft Blue': zweifarbig marmorierte Blüten in Weiß und Blauviolett (siehe Foto); 'Petticoat': hübsche Mischung mit sehr kleinen Blüten; 'Sternenzauber': verschiedene Schattierungen mit spitzen Blütenblättern.

Portulakröschen
(Portulaca grandiflora)

↑ 10-20 cm ✿ 6-10 ○

Wuchs: Kriechend, Triebe am Boden liegend, nur schwach aufgerichtet, Blätter fleischig, lanzettlich, hellgrün.
Blüte: Rosa, rot, gelb, weiß, gefüllt oder ungefüllt, becherförmig, samtartig, je nach Sorte auch mehrfarbig.
Standort: Sandiger, wasserdurchlässiger, nährstoffarmer Boden in voller Sonne.
Pflege: Vorkultur im Haus ab März, ab Mai ins Freie pflanzen; keine besonderen Pflegeansprüche.
Tipps: Verwendung im Steingarten, in Mauerfugen und im Topfgarten (Ampeln).
Sorten: Im Handel sind verschiedene Mischungen erhältlich; 'Warm Gold': orange, gerüschte Blütenblätter.

Sonnenhut
(Rudbeckia hirta)

↕ 25-90 cm ✿ 7-9 ○

Wuchs: Aufrecht, locker verzweigt, borstig behaart, kräftige Stängel, Blätter mittelgrün gefärbt, eiförmig, Stängelblätter schmaler.
Blüte: Blass- bis goldgelbe Zungenbluten mit dunkler Mitte, margeritenähnlich, bis 7 cm Durchmesser.
Standort: Nährstoffreicher, mäßig trockener bis feuchter Boden in sonnigwarmen Lagen.
Pflege: Vorkultur im Haus, Direktaussaat ab März, im Mai ins Freie pflanzen; auf gute Wasser- und Nährstoffversorgung achten.
Tipps: Verwendung in gemischten Rabatten, Lückenfüller in Staudenbeeten, gute Schnittblumen.

Sorten: 'Goldilocks': goldorange, gefüllt und halbgefüllt; 'Irish Eyes': gelb mit grüner Mitte; 'Marmelade': orange, einfach; 'Sonora': leuchtend gelb, gedrungener Wuchs; 'Toto': goldgelb mit brauner Mitte, niedrig (25 cm).

Scharlach-Salbei
(Salvia coccinea)

↕ 40-60 cm ✿ 6-9 ○

Wuchs: Aufrecht, buschig, kräftige Triebe, ovale bis herzförmige, gesägte Blätter, leicht behaart, dunkelgrün.
Blüte: Kirschrote, rosa oder weiße Lippenblüten in langen, schlanken Ähren.
Standort: Nährstoffreiche, durchlässige, frische Böden in sonnig-warmen Lagen.
Pflege: Vorkultur im Haus, Direktaussaat ab März, nach den Eisheiligen im Mai auspflanzen; auf gute Wasser- und Nährstoffversorgung achten.
Tipps: Verwendung in gemischten Rabatten, am besten in kleineren Gruppen, passt auch sehr gut im Topfgarten.

Sorten: 'Coral Nymph': rosa; 'Lady in Red': rot (siehe Foto); 'Snow Nymph': weiß.

Mehl-Salbei
(Salvia farinacea)

↕ 50-70 cm ✿ 6-10 ○

Wuchs: Aufrecht, buschig, weiß bemehlte Sprosse, breit lanzettliche, am Rand gewellte, glänzende Blätter, unterseits weiß behaart.
Blüte: Lavendelblaue oder weiße Lippenblüten in dichten Ähren.
Standort: Nährstoffreicher, lockerer, frischer bis mäßig feuchter Boden in sonniger Lage.
Pflege: Vorkultur im Haus ab März, im Mai ins Freie pflanzen; gute Wasser- und Nährstoffversorgung.
Tipps: Verwendung in gemischten Rabatten, schön zu weiß und gelb blühenden Partnern und als Lückenfüller in Staudenbeeten.

Sorten und weitere Arten: 'Silber': silbrig weiß; 'Strata': hellblau, kompakt; 'Victoria': dunkelblau, gut verzweigte Triebe; *S. patens*, Azur-Salbei: große, enzianblaue, einzeln stehende Blüten, vielseitig kombinierbar.

SOMMERBLUMEN 137

Buntnessel
(Solenostemon scutellarioides, Syn.: *Coleus*-Blumei-Hybriden)

⬆ 20-30 cm - ◐-●

Wuchs: Dichtbuschig, aufrecht, kompakt, Laub unterschiedlich gefärbt, leuchtend grün, rot, purpur, schwarz, bräunlich, oft mehrfarbig, spitz eiförmig, je nach Sorte gebuchtet, gezähnt oder ganzrandig.
Blüte: Unscheinbare Lippenblüten.
Standort: Durchlässiger, frischer, humoser Boden in kühl-schattigen Lagen.
Pflege: Vermehrung durch Stecklinge, frostfreie Überwinterung und Weiterkultur bis Mai, dann auspflanzen.
Tipps: Auffallend schöne Blattschmuckpflanze, derzeit sehr im Trend, jedes Jahr kommen neue Sorten hinzu; schön im Topfgarten oder als auffallender Akzent im Beet.
Sorten: 'Black Prince': schwarze, breite Blätter; 'Quarterback': gelbgrün, kastanienbraun gefleckt; 'Pineapple': ananasgelbe Spitzen, an der Basis kokosnussbraun.

Tagetes, Studentenblume
(Tagetes tenuifolia)

⬆ 20-30 cm ❁ 6-10 ○

Wuchs: Zierliche, einfache oder verzweigte Sprosse, lanzettliche, tief eingeschnittene Blätter.
Blüte: Gelb, orange, manche Sorten zweifarbig, klein, in einfachen Köpfchen.
Standort: Mäßig nährstoffreicher, lockerer, frischer bis trockener Boden in sonnig-warmen Lagen.
Pflege: Ab Ende März im Haus aussäen, im Mai ins Freie pflanzen; ab Mai ist auch Direktsaat möglich, dann allerdings späterer Blühbeginn.
Tipps: Lässt sich dank der kleinen, unaufdringlichen Blüten sehr gut mit anderen farbkräftigen Sommerblumen kombinieren; past auch im Topfgarten.

Weitere Arten: *T. patula:* 20-50 cm, gefüllte, halbgefüllte und einfache Blüten in Gelb, Orange und Mischfarben; *T. erecta:* bis 120 cm, große, chrysanthemen- oder nelkenartige Blüten, viele Sorten.

Mutterkraut
(Tanacetum parthenium, Syn.: *Chrysanthemum parthenium)*

⬆ 45-60 cm ❁ 6-8 ○

Wuchs: Am Grunde verholzend, buschig, tief geteilte Grundblätter aus 3- bis 5-paarigen, gebuchteten oder ganzrandigen Fiedern, kleinere Stängelblätter an aufrechten Trieben.
Blüte: Weiß, mit gelben Röhrenblüten, kleine Blütenköpfchen in Schirmrispen.
Standort: Wasserdurchlässiger, mäßig feuchter bis trockener, sandiger Boden in warmen Lagen.
Pflege: Im Herbst Stecklinge nehmen und frostfrei überwintern; Aussaat Ende Februar; Verblühtes abschneiden, bei Läusebefall befallene Triebe herausschneiden.
Tipps: Verwendung in gemischten Rabatten und als Füllpflanze zwischen Stauden; gute Schnittblume.

Sorten: 'Tetraweiß': weiß, großblumig, gefüllt; 'Weißer Pompon': weiß, gefüllt.

Mexikanische Sonnenblume
(Tithonia rotundifolia)

⬆ 120-180 cm ✽ 8-10 ○

Wuchs: Aufrechte, hohe Horste, Blätter herzförmig, groß, mattgrün, rau behaart.
Blüte: Orangefarbene Margeritenblüten mit goldgelber Mitte.
Standort: Nährstoffreicher, frischer Boden in warmen Lagen.
Pflege: Vorkultur ab März im Haus, regelmäßig stutzen, um die Verzweigung anzuregen; ab Mai ins Freie pflanzen, gute Wasser- und Nährstoffversorgung; Verblühtes abschneiden.
Tipps: Verwendung als Höhepunkte in gemischten farbkräftigen Rabatten; in kleineren Gruppen pflanzen; gute Schnittblume.

Kapuzinerkresse
(Tropaeolum majus)

⬆ 30-300 cm ✽ 7-10 ○-◐

Wuchs: Kriechend, je nach Sorte auch kletternd, buschig, sich reich verzweigend, Blätter groß, rund, frischgrün mit hellerer Unterseite, leicht aromatisch duftend.
Blüte: Gelb, orange, rot, bronze, bis 6 cm Durchmesser, lang gespornt.
Standort: Nährstoffarmer, durchlässiger Boden in warmen Lagen.
Pflege: Direktsaat ins Beet ab Mai, auch Vorkultur im Haus möglich (ab März); nur mäßig düngen, sonst keine besondere Pflege.
Tipps: Bildet am Boden dichte Teppiche oder berankt feinmaschige Klettergerüste und Zäune; Verwendung als Bodendecker zwischen lichten Gehölzen oder auf Freiflächen; Blüten und Knospen (Kapernersatz) essbar.

Schleier-Eisenkraut
(Verbena bonariensis)

⬆ 90-120 cm ✽ 7-10 ○

Wuchs: Steif aufrecht mit rauen, gabelig verzweigten Trieben, leicht glänzende, längliche Blätter, am Rand gezähnt, runzelig, unterseits behaart.
Blüte: Klein, violett, in lang gestielten, dichten Dolden.
Standort: Nährstoffreiche, mäßig trockene, gut durchlässige Böden in sonnig warmen Lagen.
Pflege: Vorkultur im Haus, Aussaat ab Februar, Samen eine Woche kühl stellen, Jungpflanzen regelmäßig entspitzen; im Mai ins Freie pflanzen; keine besonderen Pflegeansprüche.
Tipps: Als lockerer Höhepunkt in kleineren Gruppen in Rabatten und zwischen Stauden pflanzen.

Weitere Arten: *V. rigida*: 20-40 cm, kleine fliederfarbene Blüten, buschige Horste bildend, in kleinen Gruppen in gemischten Rabatten verwenden.

Eisenkraut, Verbene
(Verbena-Hybriden)

⬆ 30-50 cm ❋ 6-9 ○

Wuchs: Aufrecht oder Matten bildend, behaart, eiförmiges bis längliches Laub, rau behaart, dunkelgrün.
Blüte: Weiße, rosa, rote, gelbe und blaue Blütchen in breiten, schirmartigen Rispen, leicht duftend.
Standort: Durchlässiger, nährstoffreicher, humoser Boden in sonnig-warmen Lagen.
Pflege: Vorkultur im Haus, Aussaat ab Februar, nach der Aussaat erst 2-3 Wochen kühl stellen; gute Wasser- und Nährstoffversorgung.
Tipps: Verwendung in kleineren Gruppen in gemischten Rabatten oder im Vordergrund als Lückenfüller von Staudenbeeten, auch für den Topfgarten.

Hornveilchen
(Viola × cornuta)

⬆ 10-15 cm ❋ 3-5/9-11 ○-◐

Wuchs: Ausladend, am Boden liegende Triebe, kurze Rhizome bildend, in milden Lagen überdauernd, eiförmige, am Rand gesägte Blättchen.
Blüte: Häufig violett- bis fliederfarben, aber auch gelb oder mehrfarbig, die unteren Blütenblätter mit dunkler Zeichnung, leicht duftend.
Standort: Durchlässige, humose, lockere Böden in sonnig-lichtschattigen Lagen.
Pflege: Im Hochsommer aussäen, im Herbst auspflanzen, mit Reisig oder Vlies abdecken; gute Nährstoffversorgung.
Tipps: Verwendung in Frühlingsbeeten oder unter lichten Gehölzen, mit Tulpen, Narzissen, Hyazinthen, auch im Topfgarten.

Sorten: Sehr großes Sortiment im Handel, Sorten nach Farbvorlieben auswählen.

Zinnie
(Zinnia elegans)

⬆ 60-75 cm ❋ 7-10 ○

Wuchs: Aufrechte, buschige Horste, Blätter schwach behaart, eiförmig bis lanzettlich, frischgrün.
Blüte: Weiß, gelb, orange, rot, rosa, violett, lang gestielt, margeritenähnliche Blütenköpfchen mit breiten Zungenblüten.
Standort: Nährstoffreiche, frische bis feuchte Böden in warmen Lagen.
Pflege: Vorkultur im Haus ab April, im Mai ins Freie pflanzen, gute Wasser- und Nährstoffversorgung.
Tipps: Verwendung in kleineren Gruppen in gemischten Rabatten, dabei Farben an die Partner anpassen.

Sorten: 'Dreamland Scarlet': scharlachorange, zwergiger, gedrungener Wuchs; 'Envy': blassgrün, halbgefüllt, Schatten vertragend; 'Peter Pan Gold': goldgelb, niedrig wachsend mit großen Blütenköpfen; 'Profusion'-Mischung: viele Farben, robust und kompakt, selbstreinigend, große Blütenfülle; 'Ruffles': gekräuselte Blütenköpfe in vielen verschiedenen Farben.

Bezugsquellen und Adressen

Stauden
(Staudengärtnereien mit Privatverkauf)

Friesland Staudengarten
Uwe Knöpnadel
Husumer Weg 16
26441 Jever-Rahrdum
Tel.: 0 44 61 / 37 63
www.friesland-
staudengarten.de

Pöppel-Stauden
Hauptstr. 95 / An der B 51
28816 Stuhr-Seckenhausen
Tel.: 0 42 1 / 80 48 79
www.poeppel-stauden.de

Duft- und Wandelgärtnerei
Schoebel
Hindenburgplatz 3
29468 Bergen-Dumme
Tel.: 0 58 45 / 2 37
www.gaertnerei-schoebel.de

Stade Staudenkulturen
Beckenstrang 24
46325 Borken-Marbeck
Tel.: 0 28 61 / 26 04
www.stauden-stade.de

Kayser & Seibert
Odenwalder Pflanzenkulturen
Wilhelm-Leuschner-Straße 85
64380 Roßdorf
Tel.: 0 61 54 / 90 68
www.kayserundseibert.de

Staudengärtnerei
Gräfin von Zeppelin
Weinstr. 2
79295 Sulzburg-Laufen
Tel.: 0 76 34 / 6 97 16
www.graefin-v-zeppelin.com

Wörlein
Baumschulen und Stauden
Baumschulweg 9
86911 Dießen / Ammersee
Tel.: 0 88 07 / 9 21 00
www.woerlein.de

Dieter Gaissmayer
Staudengärtnerei
Jungviehweide 3
89257 Illertissen
Tel.: 0 73 03 / 72 58
www.staudengaissmayer.de

Österreich:

Sarastro Stauden
Ort 131
A-4974 Ort/Innkreis
Tel.: +43 / 77 51 / 84 24
www.sarastro-stauden.com

Stauden Feldweber
A-4974 Ort im Innkreis
Tel.: +43 / 77 51 / 83 20
www.feldweber.com

Schweiz:

Staudengärtnerei
Hansuli Friedrich
CH-8476 Stammheim
Tel.: +41 / 52 / 7 44 00 44

Zwiebelblumen

Albrecht Hoch
Potsdamer Straße 40
14163 Berlin-Zehlendorf
Tel.: 0 30 / 8 02 62 51

Klare & Sackmann
Zur Lerchenheide 46
26939 Ovelgönne
Tel.: 0 44 80 / 16 50

Küpper Blumenzwiebeln
und Saaten
Hessenring 22
37269 Eschwege
Tel.: 0 56 51 / 8 00 50
www.kuepper-bulbs.de

Blumenzwiebeln
Horst Gewiehs
Postfach 30
37285 Wehretal
Tel.: 0 56 51 / 33 62 49

Blumenzwiebelversand
Bernd Schober
Stätzlinger Str. 94 a
86165 Augsburg
Telefon: 08 21 / 7 96 82 88

Kurt Kernstein
Am Kirchenfeld 8
86316 Friedberg
Tel.: 08 21 / 2 78 19 04

Sommerblumen

Die Blumenschule
Augsburger Straße 62
86956 Schongau
Tel.: 0 88 61 / 73 73
www.blumenschule.de

Samen

Treppens
Berliner Straße 88
14169 Berlin
Tel.: 0 30 / 8 11 33 36
www.treppens.de

Thompson & Morgan
Postfach 10 69
22784 Hamburg
Tel.: 0 40 / 61 19 39 93
www.thompson-morgan.com

Adressen

Bund deutscher Stauden-
gärtner e.V. (BdS)
Godesberger Allee 142-148
53175 Bonn
Tel.: 02 28 / 8 10 02 - 51
www.stauden.de

Bodenuntersuchung

Ein Verzeichnis der Boden-
untersuchungsstellen erhalten
Sie bei:
VDLUFA
c/o Landwirtschaftskammer
Nordrhein-Westfalen
Siebengebirgsstraße 200
53229 Bonn
www.vdlufa.de

Stichwortverzeichnis

Ziffern mit * verweisen auf Abbildungen

Acaena buchananii 30, 30*
A. microphylla 30
A.-Hybride 30
Achillea filipendulina 30, 30*
A.-Filipendulina-Hybride 30
A.-Millefolium-Hybriden 30, 30*
A. ptarmica 31, 31*
Achnatherum brachytricha 98, 98*
Aconitum cammarum 31
A. carmichaelii 31, 31*
A. lamarckii 31
A. lyctotonum subsp. *neapolitanum* 31
A. napellus 31, 31*
Adiantum pedatum 103, 103*
A. venustum 103
Agastache 10*
Agastache foeniculum 32, 32*
A.-Hybride 32
Ageratum houstonianum 124, 124*
Agrostemma githago 124, 124*
Ajuga reptans 32, 32*
Akelei 36, 36*
Alant, Zwerg- 72, 72*
Alcea rosea 32, 32*
Alchemilla mollis 33, 33*
Allium aflatunense 106, 106*
A. cernuum 106, 106*
A. christophii 106, 106*
A. karataviense 107, 107*
A. moly 107, 107*
A. ursinum 107, 107*
Alpenveilchen, Vorfrühlings- 112, 112*
Amaranthus caudatus 124, 124*
Anacyclus pyrethrum var. *depressus* 33, 33*
Anaphalis triplinervis 33, 33*
Anchusa azurea 34, 34*
A. italica 34, 34*
Anemone blanda 108, 108*
A. canadensis 34
A. coronaria 108
A. hupehensis 35
A.-Japonica-Hybriden 34, 34*
A. nemorosa 108, 108*
A. ranunculoides 108
A. sylvestris 34, 34*
A. tomentosa 35
Anemone, Balkan- 16*, 108, 108*
-, Frühlings- 34, 34*
-, Herbst- 34, 34*
-, Kanadische 34
-, Strahlen- 108, 108*
Anthemis tinctoria 35, 35*
A.-Tinctoria-Hybriden 35
Anthericum liliago 35
A. ramosum 35, 35*
Anthirrhinum majus 125, 125*
Aquilegia vulgaris 36
A.-Hybriden 36, 36*
Arctanthemum arcticum 36, 36*
A.-Arcticum-Hybride 36
Arctotis fastuosa 125, 125*
Aronstab, Italienischer 108, 108*
Artemisia abrotanum 36, 36*
A. absinthium 36
A. pontica 37
A. schmidtiana 'Nana' 37, 37*
A. stelleriana 37
Arum italicum 108, 108*
Aruncus aethusifolius 37
A. dioicus 37, 37*
Asarum europaeum 37, 37*
Asperula odorata 38, 38*
Asphodeline liburnica 38
A. lutea 38, 38*
Asplenium scolopendrium 103, 103*
Aster alpinus 38, 38*
A.-Hybriden 43, 43*
A. amellus 12, 12*, 39, 39*
A. cordifolius 39
A. divaricatus 39, 39*
A.-Dumosus-Hybriden 39, 39*
A. ericoides 40, 40*
A. laevis 40, 40*
A. linosyris 40, 40*
A. novae-angliae 12, 12*, 41, 41*
A. novi-belgii 41, 41*
A. sedifolius 'Nanus' 41, 41*
Aster 13*
-, Alpen- 14, 38, 38*
-, Berg- 12, 12*, 39, 39*
-, Feinstrahl- 57, 57*
-, Glattblatt- 41, 41*
-, Goldhaar- 40, 40*
-, Herbst- 41, 41*
-, Kissen- 39, 39*
-, Myrten- 40, 40*
-, Raublatt- 12, 12*, 41, 41*
-, Schleier- 39, 39*
-, Schmalblättrige 41, 41*
-, Wildblatt- 40, 40*
Astilbe 16
Astilbe chinensis var. *pumila* 42
A. taquetii 42
A.-Arendsii-Hybriden 42, 42*
A.-Japonica- Hybriden 42
A.-Thunbergii-Hybriden 42
Astilboides tabularis 42, 42*
Astrantia major 43, 43*
A. maxima 43
Athyrium filix-femina 103, 103*
A. niponicum 103
Ausläufer 13, 26
Ausschneiden der Blüten 25
Austrieb 17

Ballonblume 87, 87*
Bärenohr 125, 125*
Bär-Lauch 107, 107*
Bartfaden 135, 135*
Bechermalve 131, 131*
Beete bepflanzen 22
Begleitstauden 12
Begonia semperflorens 125, 125*
B.-Knollenbegonien-Hybriden 125
Begonie, Eis- 125, 125*
Beinwell 17, 17*, 94, 94*
Bellis perennis 126, 126*
Bergenia cordifolia 43
B. crassifolia 43
B.-Hybriden 43, 43*
Bergenie 43, 43*
Berggras, Gold- 100, 100*
Blattfärbung 17
Blattformen 16, 17
Blattschmuckpflanze 11, 11*, 13, 26
Blauglöckchen 116, 116*
Blausternchen 16, 121, 121*
Blau-Schwingel 12, 12*, 99, 99*
Blaustrahlhafer 100, 100*
Bleiwurz 48, 48*
Blütenhöhepunkt 13
Blütezeit 10
Boden 8, 9
Boden verbessern 9
Boden, lehmiger 9
-, sandiger 9
-, toniger 9
Bodendecker 11, 17
Boltonia asteroides 44, 44*
Bouteloua gracilis 98, 98*
Brandkraut 85, 85*
Braunelle 89, 89*
Brennende Liebe 80, 80*
Brunnera macrophylla 44, 44*
Brutzwiebel 26*, 27
Buntnessel 137, 137*
Buphthalmum salicifolium 44, 44*
Buschmalve 76, 76*
Busch-Windröschen 16, 108, 108*

Calamagrostis × acutiflora 12, 12*, 98, 98*
C. brachytricha 98, 98*
C. Calamintha nepeta 45, 45*
Calendula officinalis 126, 126*
Callistephus chinensis 126, 126*
Camassia quamash 109, 109*
Campanula carpatica 45, 45*
C. garganica 46
C. glomerata 46
C. lactiflora 45, 45*
C. latifolia var. *macrantha* 46, 46*
C. persicifolia 46, 46*
C. portenschlagiana 46
C. poscharskyana 46, 46*
C.-Hybride 'Sarastro' 47, 47*
Carex buchananii 99, 99*
C. elata 99
C. morrowii 99
Centaurea cyanus 127, 127*
C. dealbata 47, 47*
C. hypoleuca 47
C. jacea 47
C. macrocephala 47
C. montana 47, 47*
Centranthus ruber 48, 48*
Cerastium arvense 48
C. tomentosum 48, 48*
C. tomentosum var. *columnae* 48
Ceratostigma plumbaginoides 48, 48*
Chamaemelum nobile 49, 49*
Cheiranthus cheiri 129, 129*
Chelone obliqua 49, 49*
Chiastophyllum oppositifolium 49, 49*
Chinaschilf 101, 101*
Chionodoxa luciliae 109, 109*
Chrysantheme, Herbst- 12, 12*, 50, 50*
Chrysanthemum parthenium 137, 137*
C. serotinum 77
C.-Indicum-Hybriden 12, 12*, 50, 50*
C.-Maximum-Hybriden 77, 77*
Chrysogonum virginianum 50, 50*
Cimicifuga racemosa 51
C. ramosa 51, 51*
C. simplex 51
Clematis heracleifolia 51
C. integrifolia 51
C. jouiniana 51, 51*
C. recta 51
Cleome hassleriana 127, 127*
C. spinosa 127
Colchicum autumnale 109, 109*
C. bornmuelleri 109
Coleus-Blumei-Hybriden 137, 137*
Consolida regalis 127, 127*
Convallaria majalis 51, 51*
Coreopsis grandiflora 52, 52*
C. tinctoria 128, 128*
C. verticillata 52, 52*
Corydalis cashmeriana 110
C. cava 110, 110*
C. lutea 110
Cosmos atrosanguineus 128
C. bipinnatus 128, 128*
Crambe cordifolia 52, 52*
C. maritima 52
Crocosmia crocosmiiflora 110, 110*
Crocus chrysanthus 110, 110*
C. speciosus 111, 111*
C. tommasinianus 111, 111*
C. vernus 111, 111*
Cyclamen coum 112
C. hederifolium 112
Currykraut 68

Dahlia-Hybriden 112, 112*
Dahlie 112, 112*
-, Kaktus- 112
-, Mignon- 112
-, Pompon- 112
-, Schmuck- 112
Deliphinium consolida 127, 127*
D.-Belladonna-Hybriden 53
D.-Elatum-Hybriden 53, 53*
D.-Pacific-Hybriden 53
Deschampsia cespitosa 99, 99*
Diamantgras 98, 98*
Dianthus barbatus 128, 128*
D.-Gratianopolitanus-Hybriden 53, 53*
D.-Plumarius-Hybriden 54, 54*
Dicentra eximia 54, 54*
D. formosa 54
D. spectabilis 54, 54*
Digitalis ambigua 54
D. grandiflora 55, 55*
D. purpurea 55, 55*
Doronicum orientale 55, 55*

Dost, Glatter 84, 84*
Dreiblatt 122, 122*
Dreiblattspiere 65, 65*
Dreimasterblume 95, 95*
Dryopteris filix-mas 104, 104*
D. erythrosora 104
Duchesnea indica 56, 56*
Düngung, organische 22
Duftnessel 32, 32*
Duftwicke 131, 131*

Eberraute 36, 36*
Echinacea purpurea 56, 56*
Echinops ritro 56, 56*
E. sphaerocephalus 56
Edeldistel 58, 58*
Edelraute 37, 37*
Ehrenpreis 15, 15*, 96, 96*
Einpflanzen 23*
Eisenhut, Blauer 31, 31*
-, Herbst- 31, 31*
Eisenkraut 110
-, Schleier- 138, 138*
Elfenblume 16, 16*, 57, 57*
Enzian, Schwalbenwurz- 62, 62*
Epimedium alpinum 57
E. grandiflorum 57
E. pinnatum subsp. *colchicum* 57, 57*
E. pubigerum 57
E. × rubrum 57
E. × versicolor 57
E. × warleyense 57
E. × youngianum 57
Eranthis hyemalis 112, 112*
Erdbeere, Wald- 61, 61*
Eremurus-Hybriden 113, 113*
Erigeron-Hybriden 57, 57*
Eriophyllum lanatum 58, 58*
Eryngium alpinum 58
E. planum 58, 58*
Erysimum cheiri 129, 129*
E. pulchellum 58, 58*
E.-Hybride 58
Erythronium dens-canis 113, 113*
Eschscholzia californica 129, 129*
Eselsohr 93, 93*
Eucomis bicolor 113, 113*
Eupatorium maculatum 59, 59*
E. rugosum 59
Euphorbia amygdaloides 59
E. cyparissias 59, 59*
E. griffithii 59, 59*
E. myrsinites 60, 60*
E. polychroma 60, 60*
E. seguieriana subsp. *niciciana* 60
E. × martinii 60

141

Fackellilie 74, 74*
Farbkreis 11
Farne 16, 17
Federborstengras 102, 102*
Federgras, Riesen- 102, 102*
Federmohn 81, 81*
Feinstrahl 57, 57*
Felberich, Gold- 13, 80, 80*
-, Schnee- 80, 80*
Festuca cinerea 12, 12*, 99, 99*
F. glauca 99, 99*
Fetthenne 13*, 93, 93*
-, Purpur- 12, 12*
Filigranfarn 105, 105*
Filipendula rubra 60, 60*
F. ulmaria 60
F. vulgaris 60
Fingerhut 16
-, Großblütiger 55, 55*
-, Roter 55, 55*
Flächendecker 17
Flammenblume 10, 86, 86*, 135, 135*
Fleißiges Lieschen 130, 130*
Flockenblume, Berg- 47, 47*
-, Rosa 47, 47*
Fragaria vesca 61, 61*
F. × ananassa 61
Frauenfarn 103, 103*
Frauenmantel 33, 33*
Fritillaria cirrhosa 114
F. imperialis 114, 114*
F. meleagris 114, 114*
F. pallidiflora 114
F. persica 114
F. thunbergii 114
Fuchsia magellanica 61, 61*
Fuchsie, Scharlach- 61, 61*
Fuchsschwanz 124, 124*
Funkie 10, 13, 16, 17, 17*, 71, 71*
- Blaublatt- 71
- Weißrand- 71

*G*agea minima 114, 114*
Gaillardia aristata 61, 61*
Galanthus elwesii 115
G. nivalis 115, 115*
Galium odoratum 38, 38*
Galtonia candicans 115, 115*
Gämswurz 14, 55, 55*
Gänseblümchen 126, 126*
Garbe, Gold- 30, 30*
-, Schaf- 30, 30*
Gartenplan 8
Gartenräume 9
Gärtnerei 20
Gauklerblume 132, 132*
Gaura 62, 62*
Gaura lindheimeri 62, 62*
Gedenkemein 13, 83, 83*
Geißbart 37, 37*

Gelbstern, Kleiner 114, 114*
Gelenkblume 87, 87*
Gentiana asclepiadea 62, 62*
G. septemfida var. *lagodechiana* 62
Geranium × cantabrigiense 62
G. cinereum 62, 62*
G. dalmaticum 62
G. endressii 63, 63*
G. himalayense 63, 63*
G. macrorrhizum 63, 63*
G. × magnificum 64, 64*
G. renardii 64, 64*
G.-Renardii-Hybride 64
G. sanguineum 64, 64*
G.-Sanguineum-Hybride 64
Geum coccineum 65, 65*
G. rivale 65
Gießen 24
Gillenia trifoliata 65, 65*
Gladiole 116, 116*
Gladiolus communis 115, 115*
G.-Hybriden 116, 116*
Glockenblume 14, 14*
-, Hängepolster- 46, 46*
-, Karpaten- 45, 45*
-, Pfirsichblättrige 46, 46*
-, Punktierte 47, 47*
-, Riesen- 45, 45*
-, Wald- 46, 46*
Goldaster, Wüsten- 58, 58*
Golderdbeere 97, 97*
Goldkörbchen 50, 50*
Goldkrokus 122, 122*
Goldlack 58, 58*, 129, 129*
Goldmohn 129, 129*
Goldnessel 75
Goldquirl 85, 85*
Goldrute 93, 93*
Goldtröpfchen 49, 49*
Goniolimon tataricum 65, 65*
Gräser 12, 13*, 16, 17
Graslilie 35, 35*
Grunddüngung, organische 24
Gründüngung 23
Günsel 32, 32*
Gypsophila paniculata 66, 66*
G. repens 66, 66*
G.-Hybride 66

*H*akonechloa macra 'Aureola' 100, 100*
Haselwurz 37, 37*
Heidegünsel 84, 84*
Heiligenkraut 92, 92*
Helenium-Hybriden 66, 66*
Helianthemum-Hybriden 67, 67*

Helianthus annuus 129, 129*
H. decapetalus 67, 67*
H. microcephalus 67
Helichrysum bracteatum 130, 130*
H. italicum 68
H. plicatum 68, 68*
H. thianshanicum 68
Helictotrichon sempervirens 100, 100*
Heliopsis helianthoides var. *scabra* 12, 12*, 68, 68*
Helleborus foetidus 69
H. niger 69
H. purpurascens 69
H.-Orientalis-Hybriden 68, 68*
Hemerocallis citrina 69
H. fulva 69
H. middendorffii 69
H. minor 69
H. thunbergii 69
H.-Hybriden 69, 69*
Hepatica nobilis 70, 70*
H. transsylvanica 70
Herbst-Zeitlose 109, 109*
Herzblume 54, 54*
-, Zwerg- 54, 54*
Herzlilie 71, 71*
Hesperis matronalis 70, 70*
Heuchera × brizoides 71
H. micrantha 71
H.-Hybriden 70, 70*
H.-Micrantha-Hybride 71
× *Heucherella tiarelloides* 71
Himmelsleiter 88, 88*
Hirschzungenfarn 103, 103*
Hirse, Ruten- 12, 12*, 102, 102*
Höhenstaffelung 14
Holzhäcksel 24
Hornkraut 48, 48*
Hornveilchen 139, 139*
Hosta aureomarginata 71
H. elata 71
H. fortunei 'Aureomaculata' 71
H. lancifolia 71
H. sieboldiana 71
H. × undulata 71
H.-Hybriden 71, 71*
Hundszahn 113, 113*
Hyacinthoides hispanica 116, 116*
Hyacinthus-Orientalis-Hybriden 116, 116*
Hyazinthe 13, 14, 116, 116*
Hypericum calycinum 72, 72*
H. polyphyllum 72

*I*beris umbellatus 130, 130*
Immergrün, Kleines 96, 96*
Impatiens walleriana 130, 130*

Indianernessel 12, 12*, 15, 15*, 82, 82*
Inula ensifolia 72, 72*
I. magnifica 72
Iris danfordiae 117, 117*
I. histrioides 117
I. pseudacorus 73, 73*
I. reticulata 117, 117*
I. sibirica 73, 73*
I. winogradowii 117
I.-Barbata-Hybriden 72, 72*
I.-Louisiana-Hybriden 73
I.-Sibirica-Hybriden 73, 73*
I.-Spuria-Hybriden 74, 74*
Iris, Bart- 10, 72, 72*
-, Gelbe Netz- 117, 117*
-, Netz- 117, 117*
-, Steppen- 74, 74*

*J*akobsleiter 88, 88*
Johanniskraut 72, 72*
Jungfer im Grünen 134, 134*
Jungpflanzen 23, 27
Junkerlilie 38, 38*

*K*aiserkrone 114, 114*
Kamassie 115, 109*
Kamille, Färber- 35, 35*
Kamille, Römische 49, 49*
Kapuzinerkresse 138, 138*
Katzenminze 15, 82, 82*
Kirengeshoma palmata 74, 74*
Klatschmohn 15, 15*, 134
Kniphofia-Hybriden 74
Knotenblume, Frühlings- 117, 117*
Kokardenblume 61, 61*
Komplementärfarben 15
Kompost 23
Königsfarn 105, 105*
Königs-Lilie 118
Kornblume 127, 127*
Kornrade 124, 124*
Kosmee 128, 128*
-, Schokoladen- 128
Kreuzkraut, Strauß- 78, 78*
-, Kerzen- 78, 78*
Krokus, Elfen- 111, 111*
-, Frühlings- 111, 111*
-, Garten- 110, 110*
-, Gelber 110, 110*
-, Herbst- 111, 111*
-, Pracht- 111, 111*
Kronen-Anemone 108
Krümeltest 9
Kugeldistel 56, 56*

*L*amium galeobdolon 75
L. maculatum 75, 75*
Lampenputzergras 102, 102*
Lampionblume 87, 87*
Lathyrus aurantiacus 75

L. grandiflorus 75
L. latifolius 75, 75*
L. odoratus 131, 131*
L. vernus 75, 75*
Lauch, Bär- 107, 107*
-, Blauzungen- 107, 107*
-, Gold- 107, 107*
-, Iran- 106, 106*
-, Nickender 106, 106*
-, Sternkugel- 106, 106*
Lavandula angustifolia 76, 76*
L. stoechas 76
L. stoechas subsp. *pedunculata* 76
L. × intermedia 76
Lavatera thuringiaca 76, 76*
L. trimestris 131, 131*
L.-Olbia-Hybriden 76
Lavendel 15, 25*, 27, 27*, 76, 76*
-, Schopf- 76
Leberbalsam 124, 124*
Leberblümchen 16, 70, 70*
Lein 79, 79*
Leinkraut 78, 78*
Leitstauden 12
Lenzrose 68, 68*
Lerchensporn 110, 110*
Leucanthemella serotina 77, 77*
Leucanthemum-Maximum-Hybriden 77, 77*
Leucojum aestivum 117, 117*
L. vernum 117
Levkoje 132, 132*
Liatris spicata 77, 77*
Lichtnelke 80, 80*
-, Kuckucks- 80
-, Kronen- 80
Ligularia dentata 78, 78*
L. przewalskii 78, 78*
L. × hessei 78
L.-Hybride 78
Ligularie, Kerzen- 78, 78*
-, Strauß- 78, 78*
Lilie 119, 119*
-, Feuer- 15, 118, 118*
-, Goldband- 119
-, Madonnen- 118, 118*
-, Pracht- 119
-, Türkenbund- 118, 118*
Lilium auratum 119
L. bulbiferum 118, 118*
L. candidum 118, 118*
L. hansonii 118
L. longiflorum 118
L. martagon 118, 118*
L. regale 119
L. speciosum 119
L.-Hybriden 119, 119*
Linaria purpurea 78, 78*
Linum flavum 79
L. narbonense 79, 79*
L. perenne 79
Lithospermum purpurocaeruleum 79, 79*
Lobelia speciosa 131, 131*

Lobelie, Scharlach- 131, 131*
Lobularia maritima 132, 132*
Löwenmäulchen 125, 125*
Lungenkraut 13, 90, 90*
Lupine 79, 79*
Lupinus-Hybriden 79, 79*
Luzula sylvatica 100, 100*
Lychnis chalcedonica 80, 80*
L. coronaria 80
L. flos-cuculi 80
L. viscaria 80
Lysimachia atropurpurea 80
L. ciliata 80
L. clethroides 80, 80*
L. punctata 80, 80*
Lythrum salicaria 81, 81*

*M*acleaya cordata 81, 81*
Mädchenauge 15, 15*, 128, 128*
-, Großblütiges 52, 52*
-, Nadelblättriges 52, 52*
Mädesüß 60, 60*
Maiglöckchen 51, 51*
Mannstreu 58, 58*
Marbel, Wald- 100, 100*
Margarite, Bunte
-, Frühjahrs- 94, 94*
-, Garten- 77, 77*
-, Oktober- 77, 77*
Märzbecher 117, 117*
Maßliebchen 126, 126*
Matteuccia struthiopteris 104, 104*
Matthiola incana 132, 132*
Meconopsis betonicifolia 81, 81*
M. cambrica 81
Melica ciliata 101, 101*
Meerkohl 52, 52*
Milchstern 121, 121*
Mimulus-Hybriden 132, 132*
Miscanthus sinensis 101, 101*
Mohn, Island- 134, 134*
-, Kalifornischer 129, 129*
-, Türken- 14*, 85, 85*
-, Zwerg- 134, 134*
Molinia arundinacea 101
M. caerulea 101, 101*
Moluccella laevis 133, 133*
Monarda-Hybriden 12, 12*, 82, 82*
Montbretie 110, 110*
Moskitogras 98, 98*
Muschelblume 133, 133*
Mulchdecke 24
Muscari armeniacum 119, 119*
M. botryoides 119
M. tubergenianum 119
Mutterkraut 137, 137*
Myosotis sylvatica 133, 133*

Nachtkerze 83, 83*
Nachtviole 70, 70*
Nährstoffe 24
Narcissus cyclamineus 120
N. jonquilla 120
N. poeticus 120, 120*
N. pseudonarcissus 120
N. triandrus 120
N.-Hybriden 120, 120*
Narzisse 13, 14, 17, 120, 120*
–, Alpenveilchen- 120
–, Dichter- 120, 120*
–, Engelstränen- 120
–, Trompeten- 120
Nelke, Bart- 128, 128*
–, Feder- 54, 54*
–, Pfingst- 53, 53*
Nelkenwurz 65, 65*
Nepeta cataria 83
N. × faassenii 82, 82*
N. grandiflora 83
N. mussinii 83
N. sibirica 83
N. subsessilis 83
Nicotiana × sanderae 133, 133*
Nigella damascena 134, 134*
Nordlandmargerite 36, 36*

Ochsenauge 44, 44*
Ochsenzunge 34, 34*
Oenothera fruticosa subsp. *glauca* 83, 83*
O. tetragona 83, 83*
Omphalodes verna 83, 83*
Onoclea sensibilis 104, 104*
Origanum laevigatum 84, 84*
O. vulgare 84
O.-Hybride 84
Ornithogalum narbonense 121, 121*
O. nutans 121
O. umbellatum 121
Osmunda cinnamomea 105
O. regalis 105, 105*

Paeonia lactiflora* 84
P.-Lactiflora-Hybriden 84, 84*
P. officinalis 84
P. peregrina 84
P. tenuifolia 84
Päonie, Stauden- 84, 84*
Palmlilie 97, 97*
Panicum virgatum 12, 12*, 102, 102*
Papaver commutatum 134, 134*
P. nudicaule 134, 134*
P. orientale 85, 85*
P. rhoeas 134
Pechnelke 80
Pennisetum alopecuroides 102, 102*
Penstemon-Hybriden 135, 135*

Perlfarn 104, 104*
Perlgras, Wimper- 101, 101*
Perlkörbchen, Silber- 33, 33*
Pfauenradfarn 103, 103*
Pfeifengras 101, 101*
Pfingstrose 10, 25, 25*, 84, 84*
Pflanzplan 12
Phlomis russeliana 85, 85*
P. tuberosa 85
Phlox 15, 15*
–, Sommer- 135, 135*
–, Stauden- 86, 86*
–, Teppich- 86, 86*
Phlox douglasii 86
P. drummondii 135, 135*
P. subulata 86, 86*
P.-Maculata-Hybriden 86
P.-Paniculata-Hybriden 86, 86*
Phyllitis scolopendrium 103, 103*
Physalis alkekengi var. *franchettii* 87, 87*
Physostegia virginiana 87, 87*
Platterbse, Frühlings- 75, 75*
Platycodon grandiflorus 87, 87*
Polemonium caeruleum 88, 88*
Salomonssiegel 88, 88*
Polygonatum multiflorum 88, 88*
P.-Hybride 88
Polypodium vulgare 105, 105*
Polystichum setiferum 105, 105*
Portulaca grandiflora 135, 135*
Portulakröschen 135, 135*
Prachtkerze 62, 62*
Prachtscharte 77, 77*
Prachtspiere 42, 42*
Prachtstaude 11
Präriekerze 109, 109*
Primel, Etagen- 13, 88, 88*
–, Kissen- 89, 89*
–, Kugel- 89, 89*
Primula beesiana 88
P. × bullesiana 88, 88*
P. bulleyana 88
P. denticulata 89, 89*
P. × pruhoniciana 89
P. sieboldii 88
P. veris 89
P. vulgaris 89, 89*
Prunella grandiflora 89, 89*
Pulmonaria angustifolia 90
P. dacica 90
P. officinalis 90, 90*
P. rubra 90
Purpurglöckchen 70, 70*
–, Kissen- 71
Puschkinia scilloides 121, 121*

P. scilloides var. *libanotica* 121
Puschkinie 121, 121*

Raute, Wein- 91, 91*
Reitgras 98, 98*
–, Garten- 12, 12*
Rhododendron 16, 17
Riesenhyazinthe 115, 115*
Riesenschleierkraut 52, 52*
Rindenmulch 24
Ringelblume 126, 126*
Rittersporn 10, 12, 14, 14*, 15, 15*, 25, 53, 53*
–, Feld- 127, 127*
Rodgersia aesculifolia 90
R. podophylla 90, 90*
Rudbeckia fulgida 91, 91*
R. fulgida var. *sullivantii* 91
R. hirta 136, 136*
R. laciniata 91
R. nitida 91
Rückschnitt 24, 25
Ruta graveolens 91, 91*

Salbei 15
–, Garten- 91, 91*
–, Küchen- 92, 92*
–, Mehl- 136, 136*
–, Purpur- 12, 12*
–, Scharlach- 136, 136*
–, Steppen- 91, 91*
Salvia coccinea 136, 136*
S. farinacea 136, 136*
S. nemorosa 91, 91*
S. officinalis 12, 12*, 92, 92*
S. patens 136
Samen 27
Samenstände entfernen 25
Sandrohr, Garten- 98, 98*
Santolina chamaecyparissus 92, 92*
S. rosmarinifolia 92
Scabiosa caucasica 92, 92*
Schachbrettblume 114, 114*
Schaf-Garbe 15, 15*, 30, 30*
–, Sumpf- 31, 31*
Schaublatt 42, 42*, 90, 90*
Schaumblüte 95, 95*
Scheinaster 44, 44*
Scheinmohn, Blauer 81, 81*
–, Gelber 81
Schlangenkopf 49, 49*
Schleierkraut 14
–, Großes 66, 66*
–, Rispen- 66, 66*
–, Zwerg- 66, 66*
Schleifenblume 130, 130*
Schlüsselblume 89
Schmiele, Wald- 99, 99*

Schmuckkörbchen 128, 128*
Schnecken 23
Schneeglöckchen 115, 115*
Schneestolz 109
Schopflilie 113, 113*
Schöterich 58, 58*
Schwertlilie 72, 72*
–, Gelbe Sumpf- 73, 73*
–, Sumpf- 73, 73*
Schwingel, Blau- 12, 12*, 99, 99*
Scilla bifolia 121
S. sibirica 121, 121*
Sedum floriferum 93
S. spectabile 93
S. telephium 12, 12*, 93
S.-Telephium-Hybriden 93, 93*
Segge, Braunrote 99, 99*
Silberkerze, September- 51, 51*
Siegwurz 115, 115*
Skabiose 92, 92*
Solenostemon scutellarioides 137, 137*
Solidago-Hybriden 93, 93*
S. sphacelata 93
Sommeraster 126, 126*
Sonnenauge 12, 12*, 68, 68*
Sonnenblume 129, 129*
–, Mexikanische 138, 138*
–, Stauden- 67, 67*
Sonnenbraut 66, 66*
Sonnenhut 91, 91*, 136, 136*
–, Roter 10*, 56, 56*
Sonnenröschen 67, 67*
Spinnenblume 127, 127*
Spornblume 48, 48*
Stachelnüsschen 30, 30*
Stachys byzantina 12, 12*, 93, 93*
S. grandiflora 94, 94*
S. monnieri 94
Standort 10
Statice tataricum 65, 65*
Stecklinge schneiden 27
Stecklingsvermehrung 27
Steinkraut 132, 132*
Steinquendel 45, 45*
Steinsame 79, 79*
Steppenkerze 15, 113, 113*
Sternbergia lutea 122, 122*
Sterndolde 43, 43*
Stipa barbata 102
S. capillata 102
S. gigantea 102, 102*
S. pulcherrima 102
Stockrose 32, 32*
Storchschnabel, Balkan- 63, 63*
–, Blut- 64, 64*
–, Felsen- 62, 62*

–, Grauer 64, 64*
–, Himalaja- 63, 63*
–, Pracht- 64, 64*
–, Pyrenäen- 63, 63*
Strandflieder 65, 65*
Straußfarn 104, 104*
Strohblume 68, 68*, 130, 130*
–, Wollige 68
Studentenblume 137, 137*
Stützen 25
Symphytum azureum 94
S. grandiflorum 94, 94*

Tagetes 137, 137*
Tagetes erecta 137
T. patula 137
T. tenuifolia 137, 137*
Taglilie 69, 69*
Tanacetum coccineum 94, 94*
T. parthenium 137, 137*
Taubnessel, Gefleckte 75, 75*
Teilung 26
Thalictrum aquilegifolium 95, 95*
T. delavayi 95
T. flavum subsp. *glaucum* 95
Tiarella cordifolia 95, 95*
Tithonia rotundifolia 138, 138*
Tradescantia-Andersoniana-Hybriden 95, 95*
Tränendes Herz 54, 54*
Traubenhyazinthe 119, 119*
Trauerglocke 123, 123*
Trichterfarn 13, 16*, 104, 104*
Trillium grandiflorum 122, 122*
Trollblume 96, 96*
Trollius chinensis 96, 96*
T. europaeus 96
T.-Hybriden 96
Tropaeolum majus 138, 138*
Trugerdbeere 56, 56*
Tulipa greigii 123
T. kaufmanniana 123, 123*
T. sylvestris 123
T. tarda 123
T.-Hybriden 122, 122*
Tulpe 13, 14, 122, 122*
–, Darwin- 122*, 123*
–, Lilienblütige 17, 17*, 123*
–, Papageien- 123
–, Rembrandt- 123
–, Seerosen- 123, 123*
–, Triumph- 123
–, Viridiflora- 123
Tüpfelfarn 105, 105*

Uvularia grandiflora* 123, 123*

Veilchen, Duft- 97, 97*
Venidium fastuosum 125, 125*
Verbena bonariensis 138, 138*
V. rigida 138
V.-Hybriden 139, 139*
Verbene 139, 139*
Vergissmeinnicht 133, 133*
–, Kaukasus- 44, 44*
Vermehrung 26, 27
Veronica gentianoides 96
V. longifolia 96, 96*
V. spicata 96
Vinca minor 96, 96*
V. × cornuta 139, 139*
Viola odorata 97, 97*

Wachsglocke 17, 17*, 74, 74*
Waldgras, Japan- 100, 100*
Waldmeister 38, 38*
Waldrebe, Stauden- 51, 51*
Waldsteinia geoides 97, 97*
W. ternata 97
Waldsteinie 97, 97*
Wasserdost 59, 59*
Wasserspeicherfähigkeit 23
Wasserversorgung 24
Weiderich, Blut- 81, 81*
Wein-Raute 91, 91*
Wicke, Stauden- 75, 75*
Wiesenraute 95, 95*
Wildstauden 16, 17
Windröschen, Busch- 16, 108, 108*
–, Großes 34, 34*, 108
wintergrüne Arten 16
Winterling 16, 112, 112*
Wolfsmilch 15
–, Gold- 60, 60*
–, Himalaja- 59, 59*
–, Walzen- 60, 60*
–, Zypressen- 59, 59*
Wollblatt 58, 58*
Wuchsformen 11
Wurmfarn 104, 104*
Wurzelballen 21*

Yucca filamentosa* 97, 97*
Y. flaccida 97

Zahnlilie 113, 113*
Ziertabak 133, 133*
Ziest, Großblütiger 94, 94*
–, Woll- 12, 12*, 13, 93, 93*
Zinnia elegans 139, 139*
Zinnie 139, 139*
Zurückschneiden 25
Zwergmargerite 33, 33*
Zwiebelblumen 13, 14, 16
Zwiebelboden 27

143

Bildnachweis

Borstell: 2/3, 8, 9, 10, 11l, 11r, 13, 14, 15l, 15u, 16, 17l, 17u, 17r, 17o, 19, 20, 23u, 26o, 31r, 32l, 32r, 33l, 33r, 35l, 36r, 39l, 39r, 40l, 42m, 43l, 43r, 45l, 46l, 46m, 47l, 49l, 49m, 49r, 50l, 52m, 52r, 53r, 54m, 55m, 55r, 56m, 57m, 57r, 59m, 60l, 60m, 61m, 63m, 63r, 66m, 66r, 67m, 67r, 68m, 68r, 69l, 69r, 70r, 71l, 71m, 72r, 73r, 77l, 77r, 79r, 81r, 82l, 84r, 86l, 86r, 88l, 88m, 90r, 91r, 92l, 92m, 93r, 95m, 98l, 98m, 98r, 99r, 100r, 101m, 102m, 103l, 104m, 104r, 106l, 106r, 107l, 107r, 108r, 109m, 109r, 110m, 110r, 111r, 112r, 113m, 113r, 114m, 116r, 117m, 119m, 119r, 120r, 122r, 124l, 125r, 126l, 126r, 137r, 128r, 128r, 131l, 132l, 132r, 133r, 134l, 134m, 135m, 136l, 136m, 138m, 138r, 139r
GBA/Didillon: 30r, 31l, 134r
GBA/Engelhard: 7, 112l, 112m, 126r, 129m, 129r
GBA/Nichols: 36l, 93m, 99l, 111m, 114l, 115r, 139l
GBA/Noun: 130l
Hagen: 1, 37l, 48r, 53m, 63l, 71r, 80r, 85l, 91l, 102l, 117l, 120m, 123m, 127m, 131m, 138l
Pforr: 15r, 15o, 21o, 21u, 25r, 26ur, 28/29, 32m, 34m, 35r, 43r, 58l, 64l, 67l, 70l, 82m, 85m, 87l, 108m, 109l, 113l, 115l, 120l, 122l, 124m, 125l, 125m, 136r, 137l, 137m, 139m
Redeleit: 26ul
Reinhard: 23o, 23om, 23or, 30m, 33m, 34r, 36m, 37r, 38l, 40r, 44r, 46r, 50m, 51l, 53l, 54r, 55l, 61l, 65m, 74l, 75l, 75m, 77m, 78l, 78r, 79m, 81l, 84l, 87m, 90m, 94m, 94r, 100m, 104l, 105l, 107m, 110l, 117r, 119l, 121r, 122m, 123l, 124r, 127l, 128l, 130r
Ruckszio: 30l, 38l, 44m, 48m, 61r, 64r, 69m, 73l, 76l, 79l, 87r, 91m, 97l, 131r
Seidl: 31m, 35m, 37m, 39m, 40l, 41l, 42l, 42r, 44l, 45m, 45r, 47m, 47r, 48l, 50r, 51l, 54l, 56l, 56r, 57l, 58m, 59l, 60r, 62l, 62m, 62r, 64m, 65l, 65r, 66l, 68l, 70m, 72l, 72m, 73m, 74m, 75r, 76m, 80l, 80m, 81m, 82r, 83l, 83m, 83r, 84m, 85r, 86m, 88r, 89l, 89m, 89r, 90l, 92r, 93l, 94l, 95l, 95m, 96l, 96m, 96r, 97r, 99r, 100l, 101l, 101r, 103r, 103m, 105m, 106m, 108m, 111l, 115m, 116m, 118l, 118m, 118r, 121m, 123r, 127r, 133m
Stangl: 132m
Strauß: 11u, 22, 24, 25l, 25u, 25o, 27ol, 27or, 27ul, 27ur, 34l, 38m, 41m, 41r, 51r, 52l, 58r, 59r, 74r, 76r, 78m, 97r, 102r, 105r, 114r, 116l, 121l, 129l, 130m, 133l, 135l, 135r

Bibliographische Information der Deutschen Bibliothek

Die Deutsche Bibliothek verzeichnet diese Publikation in der Deutschen Nationalbibliographie; detaillierte bibliographische Daten sind im Internet über http://dnb.ddb.de abrufbar.

BLV Buchverlag
GmbH & Co. KG
80797 München

© 2005 BLV Buchverlag GmbH & Co. KG, München

Das Werk einschließlich aller seiner Teile ist urheberrechtlich geschützt. Jede Verwertung außerhalb der engen Grenzen des Urheberrechtsgesetzes ist ohne Zustimmung des Verlags unzulässig und strafbar. Das gilt insbesondere für Vervielfältigungen, Übersetzungen, Mikroverfilmungen und die Einspeicherung und Verarbeitung in elektronischen Systemen.

Grafiken S. 12/13: Sylvia Bespaluk
Entwurf der Beetgestaltung für die Grafik S. 12: Ute Bauer
Farbkreis S. 11: Daniela Farnhammer

Umschlaggestaltung: Anja Masuch, Puchheim bei München
Umschlagfotos:
Vorderseite: GBA/Didillon
Rückseite: Ursel Borstell

Vordere Klappe innen: Borstell (linke Seite Mitte, rechte Seite Mitte und rechts)
Vordere Klappe außen: Borstell (Mitte und unten), Pforr (oben)
Hintere Klappe außen: Borstell

Lektorat: Dr. Thomas Hagen
Herstellung: Ruth Bost

Layoutkonzept Innenteil:
fuchs_design, Riemerling
Satz: Uhl + Massopust, Aalen

Gedruckt auf chlorfrei gebleichtem Papier

Printed and bound in Germany
ISBN 3-405-16761-2

Damit Ihr Garten immer schöner wird

Martin Stangl
Martin Stangls Garten-Ratgeber
Viel Know-how für wenig Geld: Martin Stangls großer Ratgeber für Garteneinsteiger; fundierte Kompaktinformation zu allen Gartenbereichen, Profitipps und Praxiswissen – besonders leicht verständlich.
ISBN 3-405-16685-3

Ute Bauer
Lazy Blumengarten
Lazy Blumengärten gestalten – mit vielen Beispielen und Pflanzplänen; besonders pflegeleichte Stauden, Gräser, Zwiebel- und Sommerblumen, Kletterpflanzen, Rosen und Gehölze; Beete gestalten, anlegen und pflegen.
ISBN 3-405-16602-0

Wolfram Franke
Gartenpraxis Schritt für Schritt
Das Basiswissen für die erfolgreiche Gartenarbeit: Boden bearbeiten, Pflanz- und Pflegearbeiten im Nutz- und Ziergarten, Rasen anlegen und pflegen, Pflanzen vermehren usw.
ISBN 3-405-16016-2

Helga Urban/Thomas Hagen
Garten easy – Ganz ohne Erfahrung zum prächtigen Grün
Für Einsteiger ohne Vorkenntnisse: schöne Gärten easy anlegen und gestalten; Gartenpraxis für Anfänger: Pflanzen, Pflegen, Schneiden, Pflanzenschutz und vieles mehr; die besten Einsteiger-Pflanzen mit Verwendungs- und Pflegetipps.
ISBN 3-405-16436-2

 Im BLV Verlag finden Sie Bücher zu den Themen: Garten und Zimmerpflanzen • Natur • Heimtiere • Jagd und Angeln • Pferde und Reiten • Sport und Fitness • Wandern und Alpinismus • Essen und Trinken

Ausführliche Informationen erhalten Sie bei:
BLV Verlagsgesellschaft mbH • Postfach 40 03 20 • 80703 München
Tel. 089/12705-0 • Fax 089/12705-543 • http://www.blv.de